動画×解説でかんたん理解！

Unity
ゲームプログラミング
超入門

ロジックラボ for kids
大角茂之　大角美緒

技術評論社

はじめに

　近年、個人や小規模チームで制作するインディーゲームが盛り上がりを見せています。インディーゲームでヒットした「Minecraft」「UNDERTALE」「Among Us」などのタイトルは、ゲームが好きな方は目にしたことがあるのではないでしょうか？

　Unityをはじめとした無料・低額で使えるゲームエンジンの登場で、個人でも気軽にゲーム作りを始められる時代になりました。以前は自分でサーバーを用意するなど、公開する手間がかかりましたが、ゲームを公開して遊んでもらうWebサービスやそれを拡散するSNSの普及により、作ったゲームをすぐにアップロードしていろいろな人に遊んでもらえるようになりました。これからますます、インディーゲームはメジャーになっていくのではないでしょうか。

　Unityは、初心者から上級者まで幅広く使える、ゲーム作りに優れたソフトウェアですが、機能が多いので、最初のうちはどこを見ればいいのか戸惑うことも多いです。本書は動画と連動していますから、実際に操作を見ながら読み進めることができます。文章だけでは見落としがちなマウスの操作も、動画を見れば一目瞭然。低年齢からチャレンジしてもらえる内容になっています。

　逆に、動画では確認しづらいプログラムの入力内容などは、本書と照らし合わせながら進めていくことができます。動画と書籍の両方をうまく活用して、ゲーム作りを楽しく学んでいきましょう。

　本書では、Unityで2Dゲームを作る上で欠かせない部分だけをピックアップし、3つのゲームに分けて紹介しています。いずれもシンプルなゲームなので、完成した後のアレンジのアイデアも一緒に紹介しています。ぜひ工夫を加えてオリジナルのゲームに仕上げてみてくださいね。

2021年12月
大角茂之・大角美緒

サンプルファイルのダウンロード

本書のサンプルファイル（ゲームの素材、パッケージファイルなど）は、下記のWebページからダウンロード可能です（「本書のサポートページ」をクリックしてください）

https://gihyo.jp/book/2022/978-4-297-12543-1

◉ Fluffy素材.zip
「2章　アクションゲームを作ろう」で利用する素材ファイルです（42ページ）。

◉ BeatMonsters素材.zip
「3章　クリックゲームを作ろう」で利用する素材ファイルです（108ページ）。

◉ Puzzlock素材.zip
「4章　パズルゲームを作ろう」で利用する素材ファイルです（175ページ）。

■ 2章素材

・キャラクター画像
Superpowers Asset Packs
https://github.com/sparklinlabs/superpowers-asset-packs

・背景画像
Designed by freepik.com / Freepik
https://jp.freepik.com

■ 3章素材

・キャラクター画像
七三ゆきのアトリエ
https://nanamiyuki.com/

・背景、コイン画像
Designed by macrovector / Freepik
http://www.freepik.com

※第3章の素材データの一部（キャラクター画像）は、【七三ゆきのアトリエ】にて無料配布されているデータを許可を得たうえで二次配布（再配布）しています

■ 4章素材

・背景、タイル画像
Kenney
https://www.kenney.nl/assets

Contents

1章 Unityをはじめよう

Contents

2章 ▶ アクションゲームを作ろう

Contents

3章 ▶ クリックゲームを作ろう

Contents

Contents

5章 ▶ ゲームをビルドして遊ぼう

操作解説動画について

本書の操作を解説する動画を用意しています。動画は、各記事の見出し横にあるQRコードを利用するか、下記の本書サポートページから「操作解説動画一覧」をクリックしてください。なお、動画一覧ページを開くにはパスフレーズによる認証が必要です（すべて半角で入力してください）。

■本書サポートページ

https://gihyo.jp/book/2022/978-4-297-12543-1

> パスフレーズ:unity0204

パソコンで閲覧する場合や、QRコードがうまく読み取れない場合は、上記の動画一覧ページを開くか、下記URLから各動画を開くことができます。

【操作解説動画 URL 一覧】

第1章　Unityをはじめよう

1.2　Unity Hubをインストールしよう
- ・1.2.1　Unity Hubをダウンロードしよう　　（解説動画）https://gihyo.jp/rd/unity/#ch1-2-1
- ・1.2.2　Unityのアカウントを作ろう　　（解説動画）https://gihyo.jp/rd/unity/#ch1-2-2

1.3　Unityをインストールしよう
- ・1.3.1　Unityをインストールしよう　　（解説動画）https://gihyo.jp/rd/unity/#ch1-3-1

第2章　アクションゲームを作ろう

2.1　ゲームを設計しよう
- ・2.1.3　プロジェクトを作ろう　　（解説動画）https://gihyo.jp/rd/unity/#ch2-1-3

2.2　アニメーションするキャラクターを作ろう
- ・2.2.1　画像を分割しよう　　（解説動画）https://gihyo.jp/rd/unity/#ch2-2-1
- ・2.2.2　アニメーションを作ろう　　（解説動画）https://gihyo.jp/rd/unity/#ch2-2-2
- ・2.2.3　ドット絵をきれいに表示しよう　　（解説動画）https://gihyo.jp/rd/unity/#ch2-2-3

第3章　クリックゲームを作ろう

第4章　パズルゲームを作ろう

第5章　ゲームをビルドして遊ぼう

Voiced by https://CoeFont.cloud

1章

Unityをはじめよう

1.1

Unityとは

Unityはゲームやアプリを作るための開発環境です。簡単・便利な機能をたくさん備えていて、プログラミング初心者もチャレンジしやすいように無料プランが用意されています。また、2Dゲーム・3Dゲームの両方に対応しており、ゲームを作るための仕組みが豊富なため、ライトなアプリから本格的なゲームまで作れるようになっています。iPhone・Android・PCなど、さまざまな端末で動作するアプリを作ることができるのも魅力の1つです。

1 ▶ アセットが多い

アセット（Asset）とはUnityでゲームを作るためのパーツや便利なツールのことです。ゲームには「イラスト」「3Dモデル」「サウンド」など、いろいろな部品が必要です。それを一人ですべて作るのはとても大変ですが、アセットを利用すれば手軽にゲーム作成に取りかかることができます。

アセットストア（Asset Store）では、公式のアセットだけでなく、Unityを使っている人たちが作ったさまざまな素材が公開されています。無料から有料のものまで、68,000点を超えるアセットがあり、その中から好きなものを使ってゲームに組み込むことができるのです。ゲームのジャンル別に特化したゲームエンジンも公開されており、一人で効率的にゲームを作りたい時に役立ちます。

2 ▶ 使っている人が多く情報を探しやすい

Unityには、公式のチュートリアルやドキュメントがたくさん用意されているので、調べながら作ることができます。また国内ユーザーも多く、有志が公開している日本語の記事を見ることができるので、検索したい時の手軽さも抜群です。困った時に、検索してヒットしやすい環境であるという点でも、初心者におススメのソフトといえます。

1.2

Unity Hub をインストールしよう

Unity Hubとは、UnityのバージョンやUnityで作ったプロジェクトを管理するためのソフトウェアです。Unityのバージョンが変わるたびにWebサイトにアクセスしてダウンロード……という手順を簡略化できるだけでなく、作ったプロジェクトのバージョンも一目でわかります。

1 ▶ Unity Hub をダウンロードしよう

1.2.1
解説 Movie

1 ブラウザーのURL欄に https://unity.com/ja/download と入力し❶、Unityのダウンロードページにアクセスします。

[Download for Windows]または[Download for Mac] をクリックします❷。

2 ダウンロードが完了したら、ダウンロードしたファイルを開きます。

Microsoft Edgeを使っている場合は、ダウンロード完了時に右上にファイルが表示されますので、[ファイルを開く]をクリックします❶。

Memo ダウンロードしたファイルをダブルクリックして実行することもできます。

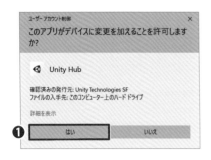

3 許可を求めるウィンドウが現れますので、[はい]をクリックします❶。

4 ライセンス契約書が表示されます。内容を確認し、[同意する]をクリックします❶。

5 Unityをインストールする場所を選びます。変更したい場合は[参照]ボタンをクリックして選択します。インストール場所が決定したら、[インストール]をクリックします❶。

Memo ここでは初期設定のまま変更せず、インストールを行いました。

6 インストールには時間がかかる場合がありますので、しばらく待ちましょう。インストールが終わると左の画面が現れます。

「Unity Hubを実行」にチェックを入れ❶、[完了]をクリックします❷。これでUnity Hubが起動します。

2 ▶ Unityのアカウントを作ろう

1.2.2
解説 Movie

Unity Hubから、Unityの好きなバージョンを選んでインストールすることができます。その前に、Unityのアカウント登録をする必要があります。

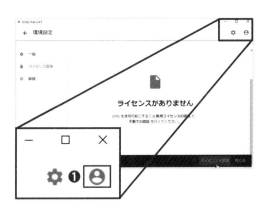

1 Unity Hub を起動すると「ライセンスがありません」というメッセージが表示されます。

ライセンス管理は「サインイン」しなければできませんので、右上の 👤 アイコンをクリックします❶。

2 表示されたメニューから［サインイン］をクリックします❶。

3 サインインの画面が表示されました。すでにアカウントを持っている人はサインインして、手順⑩に進んでください。

アカウントがない場合は「IDを作成」をクリックします❶。

Memo GoogleやFacebookのアカウントを持っている人は、下のアイコンからもログインできます。

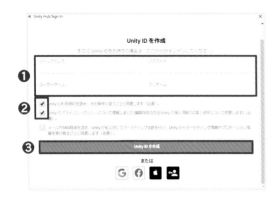

4 メールアドレス・パスワード・ユーザーネーム・フルネームを入力し❶、「利用規約」「プライバシーポリシー」のチェックボックスにチェックを入れます❷。

［Unity ID を作成］をクリックします❸。

5 メール認証の画面が開きます。手順**4**で入力したメールアドレスに、Unity Technologiesからメールが届きますので、普段使っているメールソフトを使ってメールを確認します。

6 左のようなメールが届きます。メール中央の「Link to confirm email（確認メールへのリンク）」をクリックします❶。

Hint

メールが届かない場合
手順**6**で、Unity Technologiesからのメールが届かない場合は、まず、迷惑メールフォルダーなどのフォルダーに誤って振り分けられていないかどうかを確認しましょう。迷惑メールフォルダーにもメールがない場合は、もう一度認証のためのメール送信を依頼することができます。手順**5**の画面で、「確認メールを再度送信」のリンクをクリックしてください。

7 ブラウザーで、認証用ページが開きます。「私はロボットではありません」にチェックを入れ**❶**、[検証]ボタンをクリックします**❷**。

8 手順**4**で設定したメールアドレスとパスワードを入力し**❶**、[サインイン]をクリックします**❷**。

> **Memo** 「パスワードを保存する」にチェックを入れておくと、次回のサインイン時にパスワード入力を省略できます。

9 これでサインインできました。Unity Hub の画面に戻り、[続行]をクリックします**❶**。

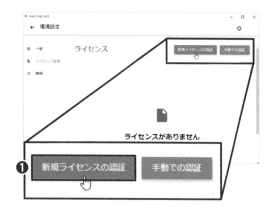

10 ［新規ラインセンスの認証］をクリックします❶。

> **Memo** このボタンが表示されていない場合は、右上の自分のアカウントアイコンをクリックし、［ライセンスの管理］をクリックします。

11 ライセンスを選ぶ画面が表示されます。Unityでは、Unityを使ったゲームを販売して収益が10万ドル以上になると、有料ライセンスが必要になります。初心者の場合、まだゲームを販売していませんので無料で利用できます。

［Unity Personal］を選択し❶、「Unityを業務に関連した用途に使用しません。」を選択して❷、［実行］をクリックします❸。

> **Memo** ライセンスは、「環境設定」の「ライセンス管理」からいつでも変更できます。必要に応じて変更しましょう。

12 ライセンス認証が終わったら、［←］ボタンをクリックして元の画面に戻ります❶。

これでアカウントの設定は完了です

1.3

Unityをインストールしよう

---

1 ▶ Unityをインストールしよう

1.3.1
解説 Movie

1　Unity Hubのメニューから［インストール］をクリックします❶。

2　右上の［インストール］をクリックします❶。

3　インストールするバージョンを選びます。「推奨リリース」となっているバージョンを選びましょう。

ここでは「Unity 2020.3.24f1（LTS）」をクリックして選択し❶、［次へ］をクリックします❷。

Memo 推奨リリースのバージョンが変わっている可能性があります。その場合も、「推奨リリース」を選択して［次へ］をクリックします。

Hint

LTSとはLong Term Support（長期サポートリリース）のことで、Unity本体のバグがあったとしても、後のアップデートで解消される可能性が高いです。LTSでは新機能の追加がないので、新機能を試したい場合は最新バージョンをインストールする必要があります。

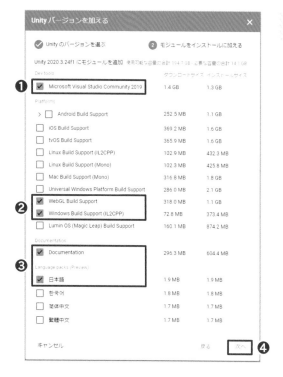

4 インストールしたいモジュール（機能）を選びます。

プログラミングをするために「Microsoft Visual Studio Community」が必要になりますので、チェックを入れます❶。

次に、ゲームをスマホやPCで遊べる形式で書き出すためのビルドサポートを選びます。「Android」や「iOS」などのスマホ用ビルドのほか、各OSやブラウザーなど、さまざまなプラットフォームが選べます。ビルドしたいプラットフォームにチェックを入れましょう。ここではブラウザーで遊べる「WebGL Build Support」とWindowsで遊べる「Windows BuildSupport」にチェックを入れました❷。

「Documentation」「Language packs 日本語」にもチェックを入れます❸。

選び終わったら［次へ］をクリックします❹。

Memo これらのモジュールは、後から追加することもできます。

5 Visual Studioのライセンスが表示されます。ライセンスを確認し、「上記の利用規約を理解し、同意します」にチェックを入れ❶、[実行] をクリックします❷。

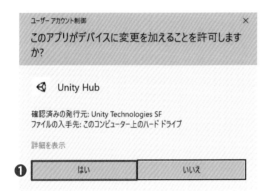

6 最後に、許可を求められた場合は [はい] をクリックします❶。

> **Memo** インストールが始まります。時間がかかりますのでしばらく待ちましょう。

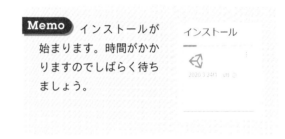

7 インストールが完了しました。インストールしたバージョンのUnityが画面に表示されています。

> **Memo** 下側に、ビルドできるプラットフォームのアイコンが表示されています。

Hint

あとからモジュールを追加したい時は
「：」アイコンをクリックし❶、[モジュールを加える] をクリックします❷。

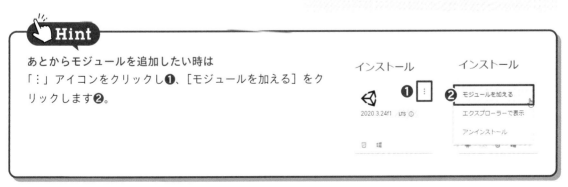

1.4

プロジェクトを作成しよう

---

1 ▶ プロジェクトを作成しよう

1 Unity Hubの画面で、左側のメニューから［プロジェクト］をクリックします❶。

2 右上の［新規作成］をクリックします❶。

> **Memo** 新規作成ボタンの右にある［▼］ボタンから、Unityのバージョンを選んでプロジェクトを作成することもできます。本書で作成するプロジェクトはすべて「2020.3.24f1」バージョンで作成します。

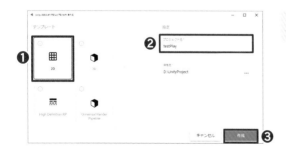

3 テンプレートのプロジェクトを選びます。ここでは「2D」をクリックして選択します❶。プロジェクト名に「testPlay」と入力し❷、［作成］をクリックします❸。

> **Memo** プロジェクトの作成には少し時間がかかりますので、待ちましょう。

4 Unityでゲームを作る画面が開きました。画面に表示されている内容については、続く1.5節で解説します。

Unityを日本語で使いたい時は
インストール時にLanguage packsで追加した言語に変更することができます。

Unity上部にあるメニューバーから［Edit］→［Preferences（環境設定）］を選びます。Preferencesウィンドウが開いたら［Language］をクリックし❶、「Editor language」をクリックして❷、［日本語］をクリックします❸。Unityを再起動することで日本語にすることができます。

言語はいつでも変更できるので、状況に応じて好きな言語を選びましょう。本書の解説は日本語のUnityを使い、進めていきます。

Unity Hubをもう一度起動したい時は
デスクトップにUnityのアイコンができています。ダブルクリックして起動すると，Unity Hubの画面を開くことができます。また、[Windows] キーを押して「unity」と入力することでも探すことができます。

1.5

Unityの用語や画面の配置を覚えよう

Unityのデフォルトの画面構成です。各ウィンドウの配置は自由に変更できます。

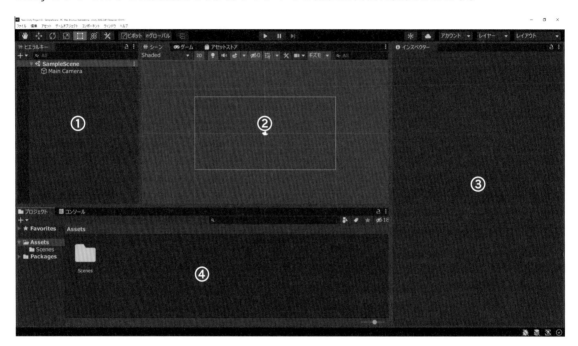

❶ヒエラルキー　　ゲームに登場するオブジェクトの一覧です。プロジェクトを新規作成した状態では、「SampleScene」とシーンを映すための「Main Camera」が用意されています。

❷シーン・ゲーム　オブジェクトを配置する場所です。
　　　　　　　　　ゲームを再生する時はゲームタブに切り替わります。

❸インスペクター　オブジェクトの情報を表示する場所です。

❹プロジェクト　　ゲームの素材を保存してあるフォルダーの内容を表示します。
　　　　　　　　　「Assets」フォルダーの中に、画像やプログラムなどのゲームに使う素材を入れておくことができます。

1 ▶ プロジェクトにオブジェクトを配置しよう

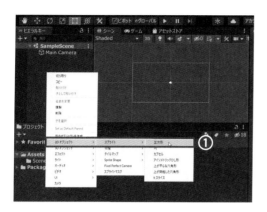

1 試しに何か表示させてみましょう。

ヒエラルキーを右クリックして表示されるメニューから、[2Dオブジェクト]→[スプライト]→[正方形]の順にクリックします❶。

2 ヒエラルキーに「Square」というオブジェクトが追加され、シーンに四角の画像が表示されました。

3 インスペクターには、いろいろなパラメーターが表示されています。

> **Memo** インスペクターには、ヒエラルキーで選択されているオブジェクトの情報が表示されます。現在は、先ほど作成した「Square」オブジェクトの情報が表示されています。

4 シーンに配置された四角をマウスでドラッグ
します。四角の場所が変わると、インスペク
ターの「Transform」の「位置」XとYの値
が変わることがわかります。

Memo シーンの操作

「シーン」上でマウスホイールを動かすと、シー
ンを拡大・縮小できます。マウスホイール
を押しながらドラッグすると、表示位置を動
かせます。

5 四角の角をマウスでドラッグすると、画像の
大きさが変わり、Transformのスケールも
変化しました。

6 インスペクターの値を変更して、オブジェク
トを変化させることもできます。

Sprite Rendererの「色」をクリックしてカ
ラーウィンドウから色を選ぶと、四角の色が
変わりました。

Hint

コンポーネントとオブジェクト

オブジェクトについている「Transform」や「Sprite Renderer」などの部品のことを「コンポーネント
(Component)」と言います。Transformは位置・角度・大きさをコントロールするためのコンポーネント、
「Sprite Renderer」はオブジェクトの見た目を変化させるためのコンポーネントです。Unityにはたく
さんのコンポーネントが用意されていて、それをオブジェクトに取り付けることで、必要な機能を追加す
ることができます。次の章から、実際にコンポーネントを追加しながらゲームを作っていきましょう。

2 ▶ プロジェクトを保存しよう

作成したプロジェクトを保存しておけば、また別の日に作業の続きを行うことができます。ここでは、作成したプロジェクトを保存する手順を解説します。

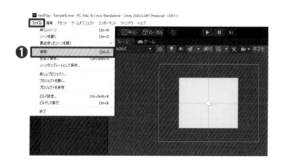

1 ［ファイル］メニュー→［保存］をクリックします❶。

> **Memo** ［保存］をクリックすると、プロジェクトが上書き保存されます。別の名前で保存したい場合は、［別名で保存］をクリックしましょう。

3 ▶ Unityを終了しよう

作業が完了したら、Unityを終了しましょう。

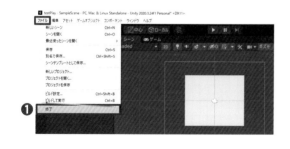

1 ［ファイル］メニュー→［終了］をクリックします❶。

> **Memo** Unityの画面右上にある［×］ボタンをクリックして終了することもできます。

2 左の画面が表示された場合は、［保存］をクリックします❶。これは、前回の保存後にシーンに変更があった場合に表示されます。

シーンは変更されています

シーンで行った変更を保存しますか？
Assets/Scenes/SampleScene.unity

保存しない場合、現在の変更点が失われます

❶ ［保存］ ［保存しない］ ［キャンセル］

4 保存したプロジェクトを開こう

保存したプロジェクトを開いてみましょう。プロジェクトを開く場合は、Unity Hubの画面から行うのが便利です。

1 Unity Hubを実行します。画面左側に並んだ項目から、[プロジェクト] をクリックします❶。

> **Memo** Unityを終了した後、もう一度Unity Hubを起動したい場合は、29ページの手順を参照してください。

2 プロジェクトの一覧画面が表示されます。ここに、先ほど作成したプロジェクトも表示されています。

開きたいプロジェクトをクリックします❶。

3 プロジェクトを開く際は少し時間がかかります。

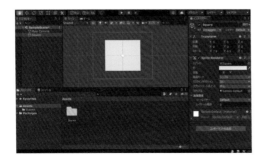

4 プロジェクトが開き、Unityの画面が表示されます。ここから作業の続きを行うことができます。

5 ▶ ゲームを再生しよう

作ったゲームの動作を確認するために、ゲームを再生する方法と、再生したゲームを停止する方法を覚えましょう。ゲームを再生すると、シーンビューからゲームビューに画面が切り替わります。

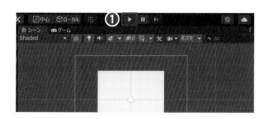

1 ゲームを再生するには、画面上部の［再生］ボタンをクリックします❶。

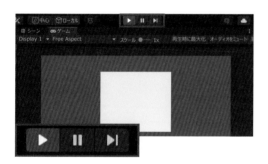

2 ゲームが再生され、ゲームビューに切り替わります。

Memo ゲームの再生中は、［再生］ボタンの色が変わります。

3 ゲームを停止するには、もう一度［再生］ボタンをクリックします❶。

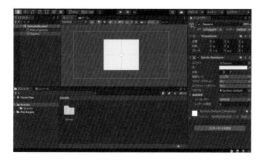

4 ゲームが停止し、シーンビューが表示されます。

6 ▶ 画面のレイアウトを調整しよう

Unityの画面は、タブの位置や幅、高さなどを調整することができます。元に戻したいときは、レイアウトを「デフォルト」に戻しましょう。

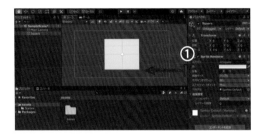

1 インスペクターの幅を変更します。

インスペクターの境界にマウスポインターを移動すると形が変わるので、ドラッグします❶。

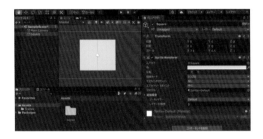

2 インスペクターの幅が広がりました。

> **Memo** 他のタブも同様にして幅や高さを変更できます。

3 標準の設定に戻したい場合は、右上の［レイアウト］をクリックして表示されるメニューから［デフォルト］をクリックします❶。

4 画面のレイアウトが元に戻りました。

2章

アクションゲームを作ろう

2.1

ゲームを設計しよう

この章で作るゲームは、ふわふわと動くキャラクターを操作し、画面内にとどまらせつつ、左右から流れてくる球に当たらないように避け続けるゲームです。

ゲームをプレイしてみよう
ゲームを実際にプレイすることができます。
http://www.logic-lab.net/unity-sample/fluffy/
※スマートフォンのブラウザーの場合、ゲームが正しく動作しない場合があります。

■ジャンプして球を避ける
タイトルが表示されている間は、キャラクターは止まっています。画面をクリックするとゲームが始まり、下に落ちるキャラクターをクリックでジャンプさせます。

左右からはオジャマキャラクターの球がランダムに出現し、流れてきます。

ステージの外に出たり、球に当たったりするとゲームオーバーになり、プレイヤーは爆発してしまいます。

プレイヤーの上下の動き、球の左右の動き、画面のクリックやキャラクターの当たり判定をするなど、ゲーム作りの基本だけをつめこんだゲームです。まずはこのゲームを通じて、基本的なゲームの作り方をマスターしましょう。

1 ▶ 必要なパーツを考えよう

まず、ゲームに何があるかを分解してみましょう。登場するのは以下のような部品です。
これらの部品のことを「**オブジェクト（Object）**」と呼びます。

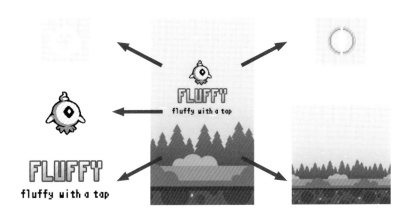

1：プレイヤー
2：球
3：爆発
4：タイトル
5：背景

背景は動かないので、とくにプログラムする必要はなさそうです。
動かしたいものをもうすこし細かく分解してみましょう。

2 ▶ パーツごとに機能を書き出そう

プログラムを作成するために、どのような動きをさせたいかを考えてみましょう。計画通りにいかないこともありますが、だいたいの方向性を決めておくと作りやすいです。

プレイヤー	実装したい機能	必要なUnityの機能
	①常にふわふわと動くアニメーション	
	②クリックでゲームスタート（タイトルを消す）	
	③何もしないと下に落ちる（重力の影響を受ける）	
	④クリックすると浮かぶ	
	⑤球に当たると爆発する	
	⑥ステージから出ても爆発する	

球	実装したい機能	必要なUnityの機能
⚙🖼	①常に光るアニメーション ②重力の影響を受けない ②左右から一定の速度で移動する ③ステージの外に出たら消える	⚙ ◕ # ◉ #
爆発	実装したい機能	必要なUnityの機能
⚙🖼	①1回だけ爆発のアニメーション	⚙
タイトル	実装したい機能	必要なUnityの機能
FLUFFY fluffy with a tap ⚙🖼	①クリックすると消える	

それぞれのオブジェクトに機能を追加するには「**コンポーネント**」を追加するのでしたね。
今回はこのようなコンポーネントを使います。

⚙	Transform（トランスフォーム）	：キャラの場所・大きさ・角度に関する機能
🖼	Sprite Renderer（スプライトレンダラー）	：キャラの絵に関する機能
⚙	Animator（アニメーター）	：アニメーションに関する機能
◕	Rigidbody 2D（リジッドボディ）	：キャラの物理的な動きに関する機能
◉	Circle Collider2D（サークルコライダー）	：キャラの当たり判定に関する機能

3 ▶ プロジェクトを作ろう

2.1.3
操作 Movie

1 28ページと同じ手順で、プロジェクトを新規作成しましょう。プロジェクト名は「Fluffy」としました❶。

> **Memo** プロジェクトの作成には少し時間がかかります。

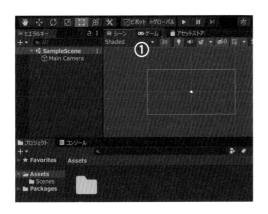

2 はじめに、画面を縦長に変更しておきましょう。「ゲーム」のタブをクリックします❶。

3 「Free Aspect」をクリックすると❶、画面サイズを変更するメニューが開きます。

一覧の中に縦長のものがないので、 ⊕ ボタンをクリックして❷、新しいサイズを追加します。

4 「追加」ウィンドウが表示されるので、ラベルを「9：16」、タイプを「アスペクト比」、幅＆高さ「9」「16」に設定し❶、［OK］をクリックします❷。

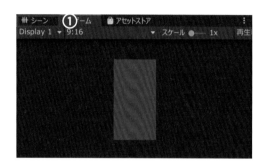

5 これで、縦長サイズになりました。「シーン」タブをクリックして❶、元の画面に戻りましょう。

6 これから使う素材も準備しておきましょう。あらかじめダウンロードしておいた素材を、Unityの「Assets」の中にドラッグします❶。

Memo ここで追加するのは、「Fluffy素材」フォルダーの中にあるすべてのファイルとフォルダーです。素材のダウンロード方法については、本書の4ページで解説していますので、そちらを参考にしてください

2.2

アニメーションするキャラクターを作ろう

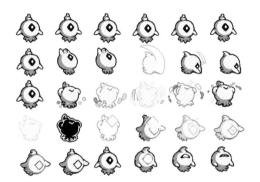

インターネット上では、無料で使える2Dアニメーション素材がたくさん公開されています。アニメーション素材は、アニメーションのコマを分割して並べた「スプライトシート」の形で公開されていることが多いです。スプライトシートを使うと、簡単にアニメーションを作ることができるので、ぜひ使えるようになりましょう。

■画像を分割する

Unityにはスプライトシートを分割して使用することができる機能が用意されています。スプライトシートの形式に合わせて自由に画像を分割して、ゲーム内で使えるようになりましょう。

■アニメーションを作成する

分割した画像の中から必要な画像を選び、アニメーションに作りましょう。ドラッグ＆ドロップだけでアニメーションが自動的に作られるので、初心者でも簡単に見栄えのするキャラクターを作ることができます。

■ドット絵をきれいに表示する

2Dゲームでは、ドット絵を使う機会も多いです。今回作るゲームもドット絵を使っていますが、Unityの通常の設定では、画像をなめらかに表示するようになっているため、ドット絵がにじんで表示されてしまいます。ドット絵をきれいに表示する設定や、Unity独自の単位「1ユニット」に合わせたピクセル数の指定などを覚えて、Unity上でうまく画像を扱えるようになりましょう。

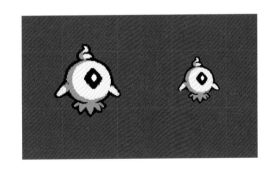

1 ▶ 画像を分割しよう

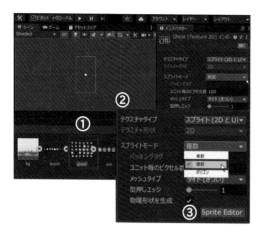

1　プロジェクトの「Assets」の中から「ghost」をクリックし❶、インスペクターを開きます。

スプライトモードを「単数」から「複数」に変更し❷、[Splite Editor] ボタンをクリックします❸。

> **Memo** ghostファイルはスプライトシートの形になっているので、この手順により画像を分割します。

2　設定の変更を適用するかどうかを確認されます。[Apply] ボタンをクリックします❶。

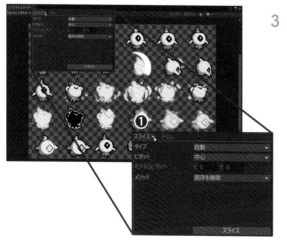

3　スプライトエディターが開きました。

画面上のメニューから、[スライス] をクリックします❶。

2.2.1
操作 Movie

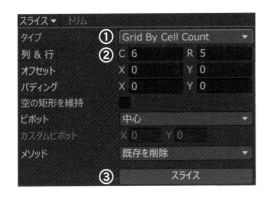

4 切り出すタイプを選びます。今回はセルの枚数から等分に切り出したいのでタイプの項で「Grid By Cell Count（セル数で分割）」を選択します❶。

横に6つ、縦に5つの画像が並んでいるので、「C：6」「R：5」と入力し❷、［スライス］ボタンをクリックします❸。

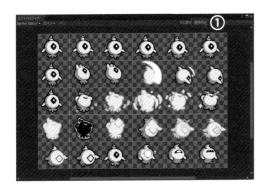

5 画像を分割することができました。

［適用する］をクリックして変更を適用します❶。適用できたら、［×］ボタンでスプライトエディターを終了します。

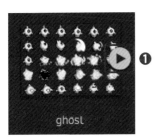

6 「ghost」の画像の▶アイコンをクリックすると❶、分割された画像が1枚ずつ表示されていることがわかります。

Memo もう一度◀ボタンを押すと分割された画像が収納されます。

2 ▶ アニメーションを作ろう

2.2.2
操作 Movie

1 分割した画像のうち、「ghost_0」から「ghost_6」までがふわふわ動くアニメーションです。

「ghost_0」をクリックして選択したら、Shift キーを押しながら「ghost_6」をクリックし❶、「ghost_0」から「ghost_6」までを選択します。複数選択したファイルをシーンにドラッグします❷。

2 アニメーションを保存するウィンドウが開きます。アニメーションの名前を付けて保存しましょう。「idle」と入力し❶、[保存]をクリックします❷。

3 シーンにキャラクターが表示され、プロジェクトの中にアニメーターとアニメーションファイルが作成されました。

再生ボタンを押すとキャラクターがふわふわする様子が確認できます。

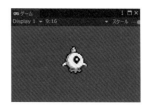

4 再生を停止してヒエラルキーの「ghost_0」をクリックし、名前を「Player」に変更します❶。

Memo 再生したまま変更すると、停止時に変更がリセットされてしまいます。変更するときは、再生を停止するようにしましょう。

Hint

アニメーターコントローラーとアニメーション

「ghost_0」という名前が付いているのが「アニメーターコントローラー」、idle という名前で保存したファイルが「アニメーション」です。

アニメーターはアニメーションをどのように再生するかを管理するためのツールです。Playerのインスペクターを見ると「Animator アニメーター」というコンポーネントが追加されていることがわかりますね。

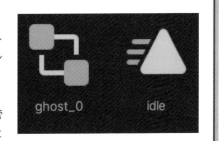

---

3 ▶ ドット絵をきれいに表示しよう

2.2.3
操作 Movie

1 Assetsの中の「ghost」をクリックし❶、インスペクターを開きます。

Memo ドットがにじむのは、画像をスムーズに見せるフィルターがかかっているためです。通常の画像は滑らかになりますが、ドット絵はフィルターがないほうがドットが際立ってきれいに見えます。

2 フィルターモードを「ポイント（フィルターなし）」に設定し❶、圧縮を「なし」に設定して❷、［適用する］をクリックします❸。

これでドットがくっきり見えるようになりました。

次に大きさを変えてみましょう。Transformのスケールを変えることでも変更できますが、今回は「ユニット毎のピクセル数」を変更してみましょう。ユニット毎のピクセル数とは、Unity内で使われる大きさの単位「1ユニット」あたりに表示されるピクセル数のことです。

ピクセルとは

画像の最小単位のことで、ドット絵でいう「1ドット」のことです。シーンで表示されているグリッドの四角が1ユニットです。この四角の辺を何ピクセルで表現するか？ という設定を行います。

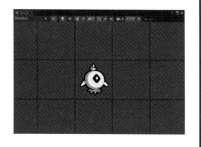

3 デフォルトでは「ユニット毎のピクセル数」が100ピクセルとなっています（1ユニットあたり100ピクセル）。

この設定を「64」にして❶、［適用する］ボタンをクリックします。

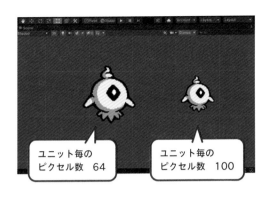

4 キャラクターが少し大きくなりました。

ユニット毎の
ピクセル数　64

ユニット毎の
ピクセル数　100

 Hint

ドット絵の違和感

ドット絵の場合は、1ドットの大きさが変わってしまうと、違和感がでてしまうことがあるので、1ドットにこだわりを持ってゲームをデザインする時はユニット毎のピクセル数でドットのサイズを合わせる必要があります。逆に、そこまでこだわらない場合はスケールで調整するほうが楽かもしれませんね。

1ドットの大きさが違
うと違和感がある

2.3

キャラクターに重力をつけてジャンプさせよう

Unityは重力をつけたり物理演算をする機能があり、プログラムをしなくても簡単に機能を追加することができます。

■ リジッドボディコンポーネントを使う

Rigidbody 2Dコンポーネントを使うと、物体の重さや重力を自動的に計算してゲームに反映できるようになります。また、追加したコンポーネントをプログラムから利用すれば、キャラクターに思い通りの動きをさせることもできます。コンポーネントとスクリプトの追加方法、プログラミングをするための「Visual Studio」の基礎を学びましょう。

■ クリックした時に反応するプログラムを作る

「マウスが押された時」「キーが押された時」など、ゲームを作るには入力を検知する機能が必要です。ユーザーの入力を調べて、クリックした時にだけキャラクターが動くようにプログラムを作ってみましょう。ベクトルと力を使った移動方法は、慣れないうちはピンと来ないかもしれませんが、Unityではよく使われる方法なので、しっかりとマスターしていきましょう。

■ Unityの画面から変数の値を設定する

Unityはプログラム上からだけではなく、Unityの画面から直接、変数の値を設定できる機能があります。どのオブジェクトを使うかということが分かりやすく、ミスも少ないので初心者にもやさしい作りになっています。publicという形で変数を作ることでこの機能を使うことができ、テストプレイ時に何度も変数を書き換えたい時などにも便利です。

1 ▶ リジッドボディコンポーネントを追加しよう

1 ヒエラルキーの中から「Player」をクリックします❶。インスペクターの画面で、[コンポーネントの追加]をクリックして「ri」と入力します❷。候補から「2Dリジッドボディ」をクリックして追加します❸。

> **Memo** リジッドボディと間違いやすいので注意してください。「2D」のほうを選びます。

2 再生ボタンを押すと、キャラクターが下に落ちていくことを確認できます。Unityの物理エンジンを使う時にはリジッドボディが必要なので、動くキャラクターにはほぼ付けることになります。

 Hint

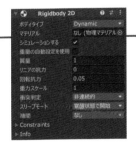

リジッドボディの役割

ジャンプしたり、物を投げたり、衝突したりと、難しい計算が必要な物理演算を自動で行ってくれるのがリジッドボディ（Rigidbody）です。コンポーネントを追加すると、動きを計算してゲームに反映します。インスペクターに表示されているプロパティ（設定項目）から、重さや重力の影響などを変更することもできます。
リジッドボディが追加されたオブジェクトは、プロパティをもとに重力や跳ね返りを計算して、位置や向きを変更できるようになるのですが、現実世界と同様、ゲーム内のオブジェクトが勝手に動くことはありません。
リジッドボディには、プロパティの他にプログラムから利用するための命令が用意されています。これを使ってオブジェクトに力を加えたり回転させたりすることで、ゲーム内のオブジェクトを動かせるのです。

既存のコンポーネントだけではなく、自分で好きなプログラム（スクリプト）を作成してキャラクターに追加することができます。クリックでジャンプするプログラムを追加しましょう。

1 ヒエラルキーで「Player」を選びます❶。
インスペクターから［コンポーネントの追加］ボタンをクリックして検索窓に「PlayerController」と入力します❷。

「新しいスクリプト」が候補に現れるのでクリックします❸。

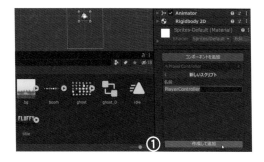

2 ［作成して追加］ボタンをクリックします❶。

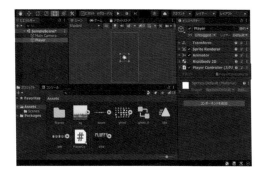

3 Assetsの中に、新しくスクリプトファイルが作成されました。

また、Playerのインスペクターにも「PlayerController」スクリプトが追加されていることがわかります。

4 Assetsの中の「PlayerController」をクリックすると❶、右側にプログラムの内容が表示されました。

プログラムを編集するには、「PlayerController」をダブルクリックするか、［開く］ボタンをクリックします。

2章 アクションゲームを作ろう

5 プログラムを編集するためのツール、「Visual Studio」が開きました。

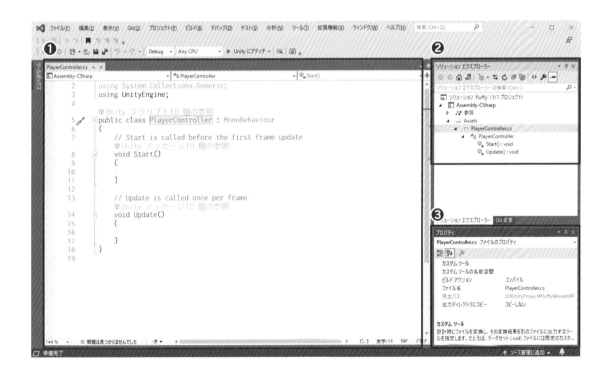

❶**プログラムエディター** プログラムを入力する場所です。

❷**エクスプローラー** Assets内にある他のスクリプトやスクリプト内のメソッドなどがツリー状に表示されます。

❸**プロパティ** エクスプローラー等で選んでいる項目の詳細情報を見ることができます。

Unityでスクリプトを作成して編集画面を開くと、上図のようにUnityのプログラムに最低限必要なものがあらかじめ用意されています。

5行目の「public class PlayerController ～」以降が、スクリプト内で具体的な命令をする場所です。「void Start ( )」には最初に一度だけ動いてほしい命令を、「void Update ( )」には、ゲーム中にずっと動いてほしい命令をプログラムします。

<table>
<tr><td>3</td><td>タップに反応するプログラムを作ろう</td><td>2.3.3
操作 Movie</td><td></td></tr>
</table>

1　クリック（タップ）した時にジャンプさせたいので、まずはクリックされたかどうかをチェックしましょう。Update ( ) {} の中を改行して、次のように入力します。

```
14      void Update()
15      {
16          if (Input.GetMouseButtonDown(0))
17          {
18
19          }
20      }
```

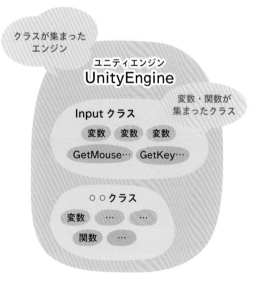

クリックしたことを知るには、「Input」クラスを使います。キーボードやマウス、デバイスの向きなどのインプットに関連する機能が用意されており、これらの機能をあつめたものを「クラス」と呼びます。他にも「イベント」や「オーディオ」といったジャンルごとにクラスが分かれています。

さらに、これらのUnityで使うクラスの集まりが「UnityEngine」です。上のプログラムの3行目に書かれた「using UnityEngine;」は、「UnityEngineを使います」という宣言です。

「Input.GetMouseButtonDown」（16行目）でマウスが押された（またはタップされた）かどうかを知ることができます。クラスの中の機能のことを「メソッド（関数）」と呼びます。

> GetMouseButtonDown(0)：左クリック、または画面のタップ
> GetMouseButtonDown(1)：右クリック
> GetMouseButtonDown(2)：ホイールクリック

クリックされていたらTrue（真）、クリックされていなければFalse（偽）になります。
関数の横の () の中には「引数」と呼ばれる値を入れることで、左クリック、右クリック……のような条件分けをすることができます。

クリックされたかどうかの結果を判断するために「if（もし）」を使います（16行目）。if() の中に書かれた条件がTrue（真）なら、{} の中が実行されます。

2 「マウスが押されたら」という条件を作ることができたので、この条件が真の時に、Rigidbody2Dの機能を使って、ジャンプするプログラムを作ります。

```
 5    public class PlayerController : MonoBehaviour
 6    {
 7        public Rigidbody2D rb2d;
 8
 9        // Start is called before the first frame update
10        void Start()
11        {
12
13        }
14
15        // Update is called once per frame
16        void Update()
17        {
18            if (Input.GetMouseButtonDown(0))
19            {
20                rb2d.AddForce(Vector3.up * 300f);
21            }
22        }
23    }
```

Rigidbody2Dに用意された機能をプログラムから使うには、Rigidbody2D型の変数を用意します（7行目）。変数をpublicにしておくと、外部（他のスクリプトやUnityエディタなど）から変数の値を設定できるようになります。

20行目で使っているのは、Rigidbody2Dの「AddForce（力を加える）」メソッドです。

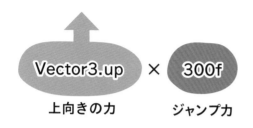

AddForceメソッドの引数にベクトル（向きと力）を渡すと、オブジェクトがその方向に移動します。「Vector3.up」は上向きの力を表します。これは（x0, y1, z0）と同じ意味ですが、数字よりわかりやすく設定できます。同様にVector3.leftやVector3.rightなども用意されています。

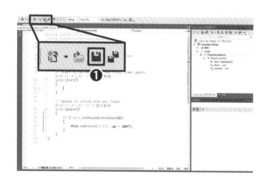

3　プログラムを書き終えたら保存します。左上のアイコンの中から［保存］をクリックします❶。

Memo　［ファイル］→［保存］をクリックするか、Ctrl+Sキーのショートカットを利用して保存することもできます。

4　Unityの画面に戻り、ゲームを再生してみましょう。ステージをクリックすると、Unityの一番下のバーにエラーメッセージが表示されました。

「UnassignedReferenceException」は、変数に値が割り当てられていない時に出るエラーです。

Hint

エラーメッセージをクリックすると、エラーの詳細や解決策が「コンソール」タブに表示されます。エラーの内容をコピーして調べたり、誰かに尋ねる時に役立ちます。

5 ゲームを停止し、ヒエラルキーで「Player」
をクリックします❶。

rb2d変数をpublicで作っているので
「PlayerController」に変数が表示されてい
ます。「Rb 2d」の「なし」となっている部分に、
Playerの「Rigidbody2D」をドラッグしま
す❷。

6 ゲームをもう一度再生し、ゲーム画面を何度か
クリックしてみましょう。

今度はエラーにならず、クリックするたびにキ
ャラクターが上にジャンプするようになりまし
た。

変数とアタッチ

変数は箱のようなもので、作った時には中身が空っぽの状
態です。変数を作ることを「宣言」といいます。

変数は空っぽのままだと使えないので、rb2d変数が、ど
のキャラクターのRigidbody2Dなのかを指定しなければ
いけません。

変数をpublicにしておくと、Unityの画面に表示され、ス
クリプトを介さずに変数の中身を設定することができま
す。手順❺のようにドラッグで値を指定することを「アタ
ッチ」と呼びます。

まず、
Rigitbody2D用の
変数を用意

?のままだと
関数が
使えないので…

プレイヤーの
Rigidbody2Dを
アタッチ

4 ▶ いつでも同じジャンプ力にしよう

2.3.4
操作 Movie

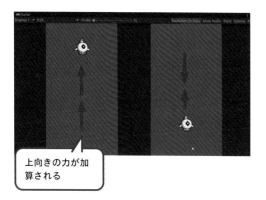

上向きの力が加
算される

ゲームを再生してみると、プレイヤーが上昇中はジャンプ力が高くなり、下降中はあまりジャンプできないことがわかります。

これは、プレイヤーに重力がかかっていて、勢いよく下に落ちている時には、AddForceで加えた上向きの力が打ち消されてしまうためです。

1 Visual Studioの画面を開き、「PlayerController」スクリプトのUpdate内に下のようにプログラムを追加します。

```
16      void Update()
17      {
18          if (Input.GetMouseButtonDown(0))
19          {
20              rb2d.velocity = Vector3.zero;
21              rb2d.AddForce(Vector3.up * 300f);
22          }
23      }
24  }
```

速度を変更するには、Rigidbody2Dのvelocityを変更します。「＝」を使うことで値を設定できます（代入といいます）。「Vector3.zero」を使うとベクトルが0になり、上昇中や下降中のスピードがなくなります。つまり、20行目でスピードを0にしてから、21行目で力を加えているので、いつも同じジャンプになるのです。

2 スクリプトを保存し、Unity に戻って動作を確認してみましょう。上昇中も下降中も、同じジャンプ力になりました。

> **Hint**
>
> velocity の使いどころ
> velocity を直接操作すると、リアルな動きにならない（物理的に正しくない）ので注意が必要です。ここで velocity を使っているのは、「プレイのしやすさ」を優先したためです。実際にプレイしてみて、ゲームによって使い分けるといいですね。

5 ジャンプ力を調整できるようにしよう

2.3.5
操作 Movie

先ほどのプログラムでは「rb2d.AddForce(Vector3.up * 300f);」とジャンプ力を固定にして直接プログラムの中に書いていましたね。これだと、テストプレイの時に毎回プログラムを書き換えて試す必要があるので大変です。そこで、ジャンプ力も public 変数にして、Unity の画面からすぐに変更できるようにしてみましょう。

1 Visual Studio の画面を開き、「PlayerController」スクリプトに、次のプログラムを追加・変更しましょう。

```
5    public class PlayerController : MonoBehaviour
6    {
7        public Rigidbody2D rb2d;
8        public float jumpForce = 300f;
9
10       // Start is called before the first frame update
11       void Start()
12       {
13
```

> Unity の画面から編集できるように「public」で変数を作ります。

続く→

```
14          }
15
16          // Update is called once per frame
17          void Update()
18          {
19              if (Input.GetMouseButtonDown(0))
20              {
21                  rb2d.velocity = Vector3.zero;
22                  rb2d.AddForce(Vector3.up * jumpForce);
23              }
24          }
25      }
```

> 300 f の部分を jumpForce 変数に置き換えます。

変数の中には決まった型のものしか入りません。Rigidbody2D型にはRigidbody2Dだけ、float型にはfloat型の数値だけが入ります。

22行目のように「rb2d.AddForce(Vector3.up * **jumpForce**);」とすると、jumpForceの部分が変数の中身に置き換えられて実行されます。

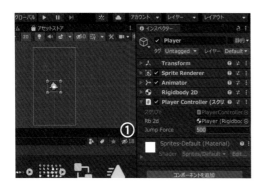

2 プログラムを保存して、Unityの画面に戻ります。すると、インスペクターのPlayerControllerスクリプトに「Jump Force (jumpForceのパラメーター) が表示されています。

500と入力してプレイすると❶、先ほどよりもジャンプ力が強くなっているのがわかります。

パラメーター調整とpublic変数

ゲーム制作では、いろいろなパラメーターを調整することがよくあります。変数の値を変更するために何度もUnityの画面とVisual Studioの画面を行き来するのは大変です。テストしやすいように変数をpublicにしておくと便利ですね。

今回も、いろいろな値を試して、ちょうど良いジャンプ力を探してみましょう（本書では300fのジャンプ力を使います）。なお、このパラメーターは、再生中に変更することもできます。再生中に変更したパラメーターは、再生終了時に元に戻ります。

2.4

障害物オブジェクトを作ろう

左右から障害物を出現させるために、オブジェクトを作りましょう。当たり判定をつけたり、重力の影響を受けないようにしたりする操作も、プログラム（スクリプト）ではなくUnity上で行えます。これらの設定を活用すれば、複雑なプログラムを使わなくても、当たり判定や球を操作することができるようになります。

■ アニメーションする球を作る

プレイヤーを追加した時と同様に、障害物になる球もアニメーションさせてみましょう。スプライトの分割やアニメーションにする手順は、今後もゲームを作る時に行うことになります。しっかりとマスターしておきましょう。

■ 当たり判定のためのコライダーをつける

コライダーというコンポーネントをオブジェクトに追加するだけで、物体が通過できないオブジェクトになります。コライダーは単に障害物として使用するだけではなく、オブジェクト同士が当たったかどうかをプログラムから知る時にも必要です。コライダーの種類や、リジッドボディとどのように関係してくるのかなど、コライダーの基礎を学びましょう。

■ 重力の影響を受けないようにする

球は空中に浮いているオブジェクトなので、リジッドボディをつけても落下しないようにしなければいけません。ボディタイプを変更して、重力の影響を受けないオブジェクトにしましょう。

■ タグを設定する

タグは、ゲームに登場するキャラクターをグループ分けする時に使います。タグが付いていると、プログラム上からも見分けがつきやすくなり、グループごとのふるまいをプログラムしやすくなります。タグの設定方法をマスターしましょう。

1 ▶ アニメーションする球を作ろう

2.4.1 操作 Movie

1 プレイヤーと同じ手順で、アニメーションする球を作りましょう。Assetsの「orb」をクリックします❶。スプライトを分割するため、インスペクターの「スプライトモード」を「複数」に設定し❷、[SpriteEditor]をクリックします❸。

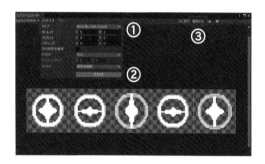

2 スプライトエディターの「スライス」メニューを開き、「Grid By Cell Count」を選択して「Ｃ：５ Ｒ：１」と入力し❶、「スライス」ボタンをクリックします❷。

分割できたら[適用する]をクリックして❸、スプライトエディターを閉じます。

3 画像の大きさや、ドット絵をきれいに見せるための設定をしましょう。

ユニット毎のピクセル数 を「32」❶、フィルターモードを「ポイント（フィルターなし）」❷、圧縮を「なし」に設定します❸。

[適用する]ボタンをクリックして設定を反映します❹。

Memo インスペクターの内容が異なる場合は、Assetsの中のorbが選択されているかどうかを確認してください。

4 画像の設定が終わったら、Assetsの中の「orb」をシーンにドラッグします❶。アニメーションファイルを保存する画面が開いたら、名前を付けて保存します。

Memo ここでは「orb.anim」という名前にしました。

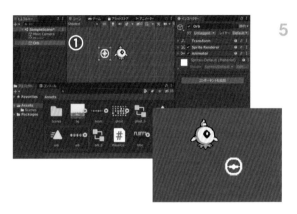

5 アニメーターとアニメーションファイルが作成され、ヒエラルキーに球のオブジェクトが追加されました。オブジェクトの名前を「Orb」に変更します❶。

再生すると、球がアニメーションしていることがわかります。

---

2 ▶ **当たり判定のためのコライダーをつけよう**

Unityには当たり判定用のコンポーネントが用意されていますので、追加してみましょう。まずはプレイヤーから付けてみます。

1 ヒエラルキーの「Player」をクリックして選択し❶、インスペクターの［コンポーネントを追加］ボタンをクリックします❷。

2　検索窓に「col」と入力します❶。いろいろな種類のコライダー（Collider：当たり判定）が現れました。

今回のプレイヤーは丸いキャラクターなので、「2Dサークルコライダー」をクリックします❷。

Hint

どのコライダーを選べばいいの？

2Dゲームを作る時には「2D」と書かれたコライダーを、形に合わせて選びましょう。

2D ボックスコライダー	←四角
2D カプセルコライダー	←カプセル形
2D サークルコライダー	←円形
2D 複合コライダー	←複数のコライダーを結合できる
2D エッジコライダー	←線を自由に変形できる
2D ポリゴンコライダー	←オブジェクトの形に合わせる
2D タイルマップコライダー	←タイルマップに合わせて生成

3　Circle Collider 2Dが追加されました。シーンを見ると、プレイヤーのまわりに緑色の線が表示されています。これがコライダーの範囲です。

4　コライダーの大きさを変更してみましょう。オフセットで位置を、半径で円の大きさを変えることができます。

オフセットを「X：-0.1」、半径を「0.5」に設定すると❶、コライダーの範囲が小さくなります。

Hint

動的コライダーと静的コライダー

コライダーを追加すると、コライダーを持つ他のオブジェクトに「衝突」するようになります。Rigidbody2Dが付いている場合は、衝突した時にオブジェクトがどんな動きをするかを計算し、ゲーム内に反映しますので、ぶつかって跳ね返ったり、転がったりといった動きが自動で行われます（動的コライダーといいます）。
逆に、コライダーが付いていてもRigidbody2Dが付いていないオブジェクトは動きません。これは床や壁などに使われます（静的コライダーといいます）。

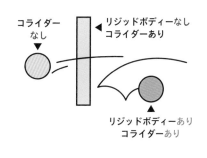

---

3 ▶ 重力の影響を受けないようにしよう

2.4.3
操作 Movie

1 球にもコライダーを付けましょう。ヒエラルキーの「Orb」をクリックして選択します❶。

インスペクターの［コンポーネントを追加］をクリックして「col」と入力し❷、「2Dサークルコライダー」をクリックして追加します❸。

2 Orbにもコライダーが付きました。
「半径」を「0.4」に設定し❶、コライダーの大きさを調節します。

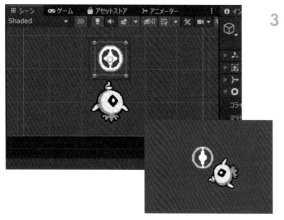

3 これで、プレイ時にプレイヤーと球が衝突するようになります。確認するため、シーンの球をプレイヤーの上に移動します。

再生してみると、プレイヤーが球にぶつかっている様子が確認できます。

球をプログラムから動かしたいので、Rigidbody2Dを付けましょう。

4 ヒエラルキーの「Orb」を選択した状態で、インスペクターの［コンポーネントの追加］をクリックして検索窓に「ri」と入力し❶、「2Dリジッドボディ」をクリックして選択します❷。

5 ゲームを再生してみましょう。すると、球が下に落ちていってしまいました。今回作りたい球はずっと浮かんでいる障害物なので、落ちてしまうのは困ります。

これは、重力の影響を受けないよう設定することで対応します。

6 　質量や重力の項目を変えることもできます
が、今回はボディタイプの設定を変えてみま
しょう。

Rigidbody2Dのボディタイプを「キネマテ
ィック」に設定します❶。

ボディタイプの違い
主なボディタイプの特徴は次の通りです。
ダイナミック（Dynamic） 　　：重力や質量がある。AddForceやvelocityなどを使用できる
キネマティック（Kinematic）：重力や質量がない。AddForceを使用できないがverocityは変更できる
スタティック（Static） 　　　：動かせない

---

4 ▶ タグをつけよう

2.4.4
操作 Movie

プレイヤーや球は見た目でわかりますが、プログラムは文字だけなので見た目で判断することが
できません。名前で判断することもできますが、オブジェクトが増えてきた時や、味方グループ、
敵グループといった種類分けをする時にも便利なので、タグの使い方をマスターしましょう。

1 　ヒエラルキーの「Player」をクリックし❶、
インスペクターの「タグ：Untagged」をク
リックします❷。

デフォルトでいくつかタグが用意されていま
す。「Player」をクリックして選択します❸。

2 球にもタグを付けましょう。ヒエラルキーの「Orb」をクリックして選択します❶。

敵用のタグは用意されていないので、追加しましょう。「Untagged」をクリックして表示されるメニューで、［タグを追加］をクリックします❷。

3 タグやレイヤーの設定を行うモードに切り替わりました。タグの項目にある［+］をクリックします❶。

4 新しいタグの名前を入力します。ここでは「Enemy」と入力し❶、［Save］をクリックします❷。

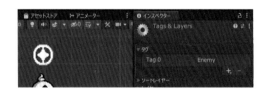

5 タグのリストに「Enemy」が追加されました。

6 追加したタグを球に設定しましょう。ヒエラルキーの「Orb」を選択した状態で、手順1 のようにタグの項目をクリックすると、先ほど作成した「Enemy」が追加されていることがわかります。
「Enemy」をクリックして選択すると❶、球にタグを付けることができました。

2.5

障害物を動かそう

いよいよ球を動かしていきましょう。プレイヤーはリジッドボディの設定がダイナミックだったのでAddForceを使って簡単に動かすことができましたが、球はキネマティックに設定しているため、AddForceは使えません。別の移動方法を試してみましょう。

■球を移動させるプログラムを作成する

オブジェクトを自由に移動させるには、プログラム（スクリプト）を追加します。プレイヤーにプログラムを追加したのと同様に、球にもプログラムを追加して動かせるようにしましょう。プレイヤーのリジッドボディを使う時には、Unityの画面からリジッドボディをアタッチしていましたが、アタッチを使わない指定方法も紹介します。

■球の位置から進む方向を決める

左右から出現する球がどちらの方向に進むか、オブジェクトの現在地を条件にして決めるようにしましょう。transformはどのオブジェクトにも付いているコンポーネントで、パラメーターのチェックによく使われます。演算子と組み合わせて、いろいろな条件を作れるようになりましょう。

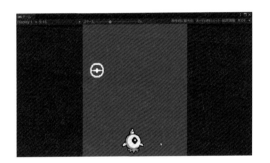

■球をプレハブ化する

Unityの便利な機能のひとつに、オブジェクトのコピーを作ることができる「プレハブ」があります。プレハブの概念は分かりづらいですが、操作はとても簡単です。まずはプレハブ化する手順を一緒にやってみましょう。

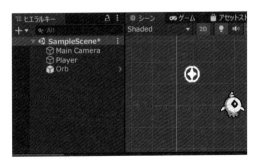

1 球を移動させるプログラムを作ろう

2.5.1
操作 Movie

1 まずはスクリプトを用意します。ヒエラルキーの「Orb」をクリックします❶。インスペクターの［コンポーネントを追加］をクリックして検索窓に「OrbController」と入力し❷、［新しいスクリプト］をクリックします❸。

2 ［作成して追加］をクリックします❶。

3 Orbオブジェクトに「OrbController」スクリプトが追加されました。

Assetsの中の「OrbController」スクリプトをダブルクリックするか、インスペクターの［開く］ボタンをクリックしてVisual Studioの画面を開きましょう。

4 Visual Studioの画面で「OrbController」スクリプトを変更します。Startの前に変数を作り、Startの中に移動のプログラムを書きます。

```
 5      public class OrbController : MonoBehaviour
 6      {
 7          private Rigidbody2D rb2d;
 8          // Start is called before the first frame update
 9          void Start()
10          {
11              rb2d = GetComponent<Rigidbody2D>();
12              rb2d.velocity = Vector3.left;
13          }
```

2章

アクションゲームを作ろう

57ページでは、プレイヤーのリジッドボディをUnityの画面からアタッチして指定していました。11行目のように、

```
GetComponent<取得したいコンポーネントの名前>();
```

と記述することで、プログラム内からコンポーネントを指定することもできます。なお、GetComponentは負荷の高い処理なので、UpdateではなくStart内に書くようにしましょう。

変数の初めに「public」と書くと、Unityの画面に表示され、コンポーネントをアタッチしたり値を変更したりすることができます。一方、「private」と書くとUnityの画面には表示されなくなります。プログラム中に使う変数の値が勝手に変わってしまうリスクを避けるために、外から変更しても良い変数と、そうでない変数を分けられるようになっています。

```
public    Unityの画面や、他のスクリプトから参照・変更できる
private   スクリプト内でしか参照・変更できない
```

リジッドボディが取得できたら、velocityを使って左に移動させましょう。プレイヤーを動かす時には、Vector3.up（上向きの力）を使いました（56ページ参照）。今回はVector3.leftを使って左向きの力を加えます。

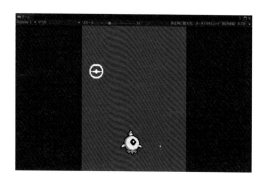

5　プログラムを保存してUnityの画面に戻り、ゲームを再生してみましょう。球が左に動くようになりました。

6　次は球のスピードを速くしてみましょう。もう一度Visual Studioの画面に戻り、「OrbController」スクリプトを修正して、スピードの設定を追加します。

```
5    public class OrbController : MonoBehaviour
6    {
7        private Rigidbody2D rb2d;
8        private float speed = 2f;
9        // Start is called before the first frame update
10       void Start()
11       {
12           rb2d = GetComponent<Rigidbody2D>();
13           rb2d.velocity = Vector3.left * speed;
14       }
```

スピードを設定するための変数（speed）を用意し、velocityに与える力を変数によって変化させています。speed変数の数値を大きくするとスピードが速くなり、0.5fなど1より小さい数を設定すると、スピードが遅くなります。これで球のスピードを変更できるようになりました。

Hint

AddForceとvelocityの違い

この2つは、どちらもオブジェクトを動かすことができますが、重力や質量、他のオブジェクトとの衝突などを考慮して力を加えるのがAddForce関数です。AddForceが計算した結果をもとにvelocity（向きや速度）が決まります。

一方、velocityの値を直接変更すると、物理演算によらず一定の向きと速度で移動させられます。一時的な力を加えて、あとは重力や慣性で動く、といった動きの場合はAddForce、重力に関係なく一定の速度で移動してほしい場合にはvelocityというように使い分けましょう。

2 球が進む方向を決めよう

2.5.2
操作 Movie

今のままでは球は左にしか進みません。右から出現した時には左向きに、左から出現した時は右向きに進むように設定しましょう。

1 Visual Studioの画面を開き、「OrbController」スクリプトのStart内にプログラムを追加します（代わりに、前ページの13行目はカットします）。

```
10      void Start()
11      {
12          rb2d = GetComponent<Rigidbody2D>();
13          //自分が右にいる？
14          if ( transform.position.x > 0 )
15          {
16              //左に進む
17              rb2d.velocity = Vector3.left * speed;
18          }
19          else
20          {
21              //右に進む
22              rb2d.velocity = Vector3.right * speed;
23          }
24      }
```

transform.position.xで自分のX座標を調べることができます（14行目）。ステージの中心は0です。もし、自分のX座標が0より大きかったら、自分がステージの右側にいることがわかります。

> **Hint**
>
> **transformは宣言なしで使える**
> 71ページでは、球に付けたリジッドボディを使う時に変数を用意し、GetComponentやアタッチで指定しました。14行目に登場するtransformもコンポーネントなのですが、transformはすべてのオブジェクトに付いており、使用頻度が高いため、宣言しなくても手軽に使えるようになっています。ただし、自分以外のオブジェクトのtransformを操作したい時には、変数を用意する必要があります。

```
if（条件）
{
        条件が真の場合に実行
}
else
{
        条件が偽の場合に実行
}
```

elseを使うと、ifの条件が偽の場合に実行されるプログラムを書くことができます。14〜23行目のプログラムによって、球が画面右側にある時は左方向に、そうでない時は右方向に進むよう設定されます。

2 スクリプトを保存し、Unityの画面に戻ります。Orbオブジェクトを画面の左側に置いて、実際に試してみましょう。

再生すると、球が右向きに移動するようになりました。

Hint

ifで使える演算子

ifで指定する条件では、「A=B」「A>B」といった比較演算子を用いて、条件に当てはまるかどうかを判定できます。さらに論理演算子を組み合わせると、「if(条件A && かつ 条件B)」のように複数の条件を使った複雑な判定ができるようになります。

比較演算子	
A == B	AとBが同じ
A != B	AとBが同じではない
A < B	AがBより小さい
A <= B	AがBと小さいか同じ
A > B	AがBより大きい
A >= B	AがBと大きいか同じ

論理演算子	
!A	Aではない
A && B	AかつB
A ¦¦ B	AまたはB

3 ▶ 球をプレハブ化しよう

2.5.3
操作 Movie

今のままだと、球は1つしか表示されません。たくさん表示するために「プレハブ化」してみましょう。プレハブとは、オブジェクトに追加したコンポーネントやパラメーターの設定なども一緒に、そのまま素材化したものです。敵や弾など、ゲーム内にたくさん登場するオブジェクトは、プレハブ化することで、プログラムから簡単に作成できるようになります。

1　ヒエラルキーの「Orb」をAssetsにドラッグします❶。

2　Assetsの中に「Orb（プレハブアセット）」が作成され、ヒエラルキーのOrbオブジェクトが青色に変わりました。青色のオブジェクトはプレハブです。

3　球はプログラムで作るようにするので、現在シーンにあるOrbのプレハブは不要になります。ヒエラルキーの「Orb」を選択し、Deleteキーで削除します❶。

2.6

障害物を呼び出すスポナーを作ろう

これまでは、動きをプログラムしたスクリプトを、対象のオブジェクトに付けて利用していました。それでは、球を作るプログラムはどのオブジェクトに付ければ良いのでしょうか。

■空のオブジェクトを作る

ゲームで使うオブジェクトには画像が付いていますが、空のオブジェクトはtransformコンポーネントだけが付いている状態です。ゲームの見た目に影響しないので、機能だけを追加したい時によく使われます。

今回は、空のゲームオブジェクトをスポナー（球の出現地点）としてゲーム内に追加し、2.5節で作ったプレハブを出現させるようにしましょう。

■障害物をランダムな場所に出現させる

いつもバラバラの値を取得することができるランダム関数を使えば、球がいろいろな場所から出現するように設定できます。ランダムは、ゲーム作りでよく使う関数なので、ぜひ使い方をマスターしておきましょう。

位置を指定する時のVector3の使い方、変数の使える範囲など、基礎的な部分も併せて確認します。

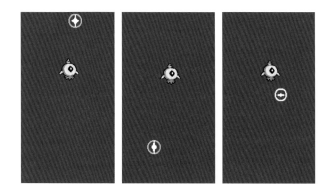

■コルーチンを使用する

一定の間隔で〇〇する…ということがゲームではよくありますが、Update中に〇秒まつという命令はありません。代わりに使えるのがコルーチンです。これは処理を中断できる関数で、中断する時間を指定することができます。コルーチンを利用し、〇秒まつ、球を出す…を繰り返すようにしてみましょう。

1 ▶ 空のオブジェクトを作ろう

2.6.1
操作 Movie

2章

アクションゲームを作ろう

1　最低限のコンポーネントだけが付いた、「空のオブジェクト」を作成します。ヒエラルキーを右クリックし、表示されたメニューから［空のオブジェクトを作成］をクリックします❶。

2　Transformコンポーネントだけが付いた、空のオブジェクトが作成されました。「GameObject」となっている名前を変更します❶。

> **Memo** ここでは「Spawner」という名前にしました。

3　ヒエラルキーの「Spawner」をクリックし❶、［コンポーネントを追加］から「SpawnOrb」と入力し❷、［新しいスクリプト］をクリックします❸。スクリプトを追加したら、Visual Studioで開きましょう。

4 Visual Studioの画面で、「SpawnOrb」スクリプトにプログラムを追加します。

```
5   public class SpawnOrb : MonoBehaviour
6   {
7       public GameObject orb;
8       // Start is called before the first frame update
9       void Start()
10      {
11          Instantiate(orb);
12      }
```

7行目では、ゲームオブジェクトを入れることができるGameObject型の変数を作ります。そして、オブジェクトを生成するにはInstantiateという関数を使います（11行目）。引数にゲームオブジェクトを渡すことで、オブジェクトがステージに生成されます。

5 スクリプトを保存してUnityの画面に戻ります。このままだと変数の中身が空のままなので、SpawnerオブジェクトのSpawnOrbスクリプトに表示された「Orb」（orb変数）に、Orbのプレハブをドラッグしてアタッチします❶。

> **Memo** 項目が表示されない時は、スクリプトを保存したかどうか確認してください。

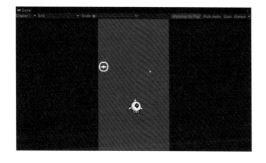

6 ゲームを再生してみると、画面に球が現れました。

2　球をランダムな場所に出現させよう

2.6.2
操作 Movie

今のままでは、同じ場所からしか球が出現しません。バラバラの場所から出てくるように変更しましょう。バラバラの値がほしい時には「Random.Range」を使います。
引数がfloat型の場合は、最小値から最大値を含む値の乱数を返します。引数がint型の場合は、最大値を含まない乱数（ランダム、バラバラな数）を返します。最大値を含むか含まないか、引数の型によって異なるため注意してください。

> （0.0f , 10.0f）の場合、10.0fまでを含む乱数
> （0 , 10）の場合、9までの乱数

1　実際に使ってみましょう。Visual Studioの画面に切り替え、「SpawnOrb」スクリプトのStart内にプログラムを追加します。

```
 9      void Start()
10      {
11          float y = Random.Range( -4.5f , 4.5f ); //-4.5から4.5の間でランダム
12          int direction = Random.Range( 0 , 2 ); //0か1かのランダム
13
14          if( direction == 0 )
15          {   //右から出現
16              orb.transform.position = new Vector3( 3.0f , y , 0 );
17          }
18          else
19          {   //左から出現
20              orb.transform.position = new Vector3( -3.0f , y , 0 );
21          }
22
23          Instantiate(orb);
24      }
```

float yには-4.5から4.5までの乱数を、int directionには0から2までの乱数を設定します。directionには0か1が入るのでこれを条件にし、「0なら右に」「そうでなければ左に」オブジェクトを移動させます。new演算子を使ってVector 3を生成し、positionに代入してみましょう。（x,y,z）の順で指定します。2Dゲームなので、zは常に0になります。

Vector3とは

Addforceやvelocityを使う時にもVector3を使いましたね。その時はVector3.upやVector3.leftといった書き方をしました。これはVector 3 (0,1,0) と同じ意味を持つ変数を使用していたのです（スタティック変数といいます）。

ベクトルという名前から難しく感じるかもしれませんが、単純にX・Y・Zをまとめて持っているデータのかたまりで、これ自体が何かの働きをするわけではありません。

AddForceに渡すと向きと力を加えることができ、positionに渡すと座標を指定することができます。

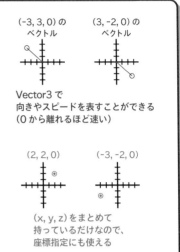

(-3, 3, 0) の
ベクトル

(3, -2, 0) の
ベクトル

Vector3で
向きやスピードを表すことができる
（0 から離れるほど速い）

(2, 2, 0)

(-3, -2, 0)

(x, y, z) をまとめて
持っているだけなので、
座標指定にも使える

変数のスコープ

変数は宣言する場所によって、有効な範囲が変わってきます。たとえば、Class直下で宣言するとClass内のどこからでも使えますが、関数内で宣言した変数は、他の関数からは使えません。

このような有効範囲のことを「スコープ」と呼びます。スコープが違う時は、同じ変数名を付けても違うものとして扱われます。

なお、Class直下に作られた変数は、publicならばClassの外からも変数にアクセスできます。

```
public class hoge{
    private int a = 1;
    void A(){
        int b = a;
        int c = 1;
    }

    void B(){
        a = b;
        int c = 1;
    }
}
```

クラス内で
ずっと使える
（privateなので、
外はダメ）

使える

関数A内でのみ使える

使えない

使える

関数B内でのみ使える
スコープが違うので
名前が重複してもOK

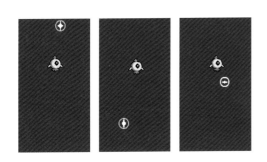

2 ゲームを何度か再生してみると、画面のいろ
いろな場所に球が現れるようになりました。

3 コルーチンで「○秒待つ」を実現しよう

2.6.3
操作 Movie

次に、数秒おきに1つずつ球が出現するようにしてみましょう。Unityには「○秒待つ」といっ
た命令はありませんが、近いことができる仕組みとして「コルーチン」があります。コルーチン
を使えば、「いったん処理を中断し、何秒後に再開」といった処理が可能です。

1 Visual Studioの画面に切り替え、「SpawnOrb」スクリプトのStart()の下に関数を追加
しましょう。

```
 9      void Start()
10      {
11          float y = Random.Range(-4.5f, 4.5f);//-4.5から4.5の間でランダム
12          int direction = Random.Range(0, 2);//0か1かのランダム
13
14          if(direction == 0)
15          {   //右から出現
16              orb.transform.position = new Vector3(3.0f, y, 0);
17          }
18          else
19          {   //左から出現
20              orb.transform.position = new Vector3(-3.0f, y, 0);
21          }
22
23          Instantiate(orb);
24      }
25
```

続く→

```
26        IEnumerator Spawn()
27        {
28            while (true)
29            {
30                yield return new WaitForSeconds(1.5f);
31            }
32        }
```

コルーチンは次のように記述します。

```
IEnumerator 関数名()
```

関数の中で「yield return」と記述すると、そこで処理を中断できるようになります（30行目）。
また、ゲーム中はずっと球が出てきてほしいのでwhileでループさせます（28行目）。

2   球を出現させるプログラムをドラッグして選択し、Whileの中に移動させましょう。

```
9         void Start()
10        {
11
12        }
13
14        IEnumerator Spawn()
15        {
16            while (true)
17            {
18                float y = Random.Range(-4.5f, 4.5f);//-4.5から4.5の間でランダム
19                int direction = Random.Range(0, 2);//0か1かのランダム
20
21                if (direction == 0)
22                {    //右から出現
23                    orb.transform.position = new Vector3(3.0f, y, 0);
24                }
25                else
26                {    //左から出現
27                    orb.transform.position = new Vector3(-3.0f, y, 0);
28                }
29
```

Start内のプログラムをwhileの中に移動させます。

続く→

```
30              Instantiate(orb);
31              yield return new WaitForSeconds(1.5f);
32          }
33      }
```

これで、球を生成→1.5秒待つ→球を生成……を繰り返す関数ができました。

3 最後に、Startの中にコルーチンを呼び出すプログラムをしましょう。

```
9       void Start()
10      {
11          StartCoroutine(Spawn());
12      }
```

コルーチンは、「StartCoroutine(関数名)」で開始することができます。

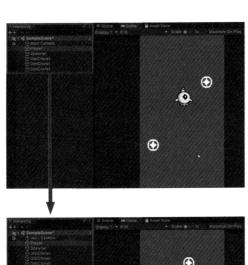

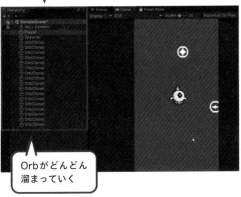

Orbがどんどん
溜まっていく

4 プログラムを保存し、Unityに戻ってゲームを実行してみましょう。球が1.5秒おきに出現するようになりました。

しかしながら、ヒエラルキーを確認すると、Orbがたくさん溜まっていることがわかります。これは、使い終わったオブジェクトを削除していないことが理由です。

2.7

当たり判定を作ろう

63ページで設定したコライダーを使って、障害物に当たった時、ステージの外に出てしまった時のプログラムを作りましょう。オブジェクト同士の衝突や通過はゲーム作りで欠かせない要素です。Unityはコライダーなどが簡単に付けられるため、すぐにオブジェクト同士を衝突させられるようになります。しかし、プログラミングの際にはリジッドボディの有無やコライダーの属性によって使うイベントが変わるため、注意が必要です。違いをしっかりと理解しましょう。

■ステージの外に出た球を消す
ステージ内にいるかどうかを判断する場合も、コライダーが使えます。コライダーは衝突させるだけではなく、透明な壁のように他のオブジェクトを通過させることもできます。通過させるためのパラメーターである「トリガー」を使い、球やプレイヤーがステージの外に出たかどうかを判定しましょう。

■爆発エフェクトを作成する
プレイヤーや球のアニメーションを作った時と同じ手順で、爆発のアニメーションをするオブジェクトを作成し、プレハブにしましょう。他のアニメーションとは異なり、爆発は1回だけなので、アニメーションを繰り返さない設定にする必要があります。

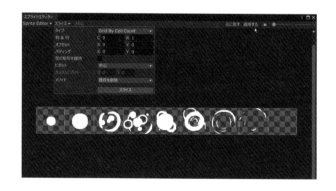

■球とプレイヤーが衝突した時の処理を作成する
球とプレイヤーが衝突した時のプログラムを作りましょう。今回はコライダー同士が衝突するので、ステージ内にいるかどうか判定する処理とは別のプログラムで衝突のイベントを作ります。また、球はステージ外に出た時に削除していますが、爆発エフェクトは一定時間経過後に削除するようにしましょう。

1 ▶ ステージの外に出た球を消そう

2.7.1
操作 Movie

1 ステージの外かどうかを調べるために、ステージ全体を覆うコライダーを作ります。今回はSpawnerに付けます。

「Spawner」を選択した状態で、63ページの手順を参考に［コンポーネントを追加］から「2Dボックスコライダー」を追加します❶。

2 コライダーがズレないように、Transformで位置を「X:0 Y:0 Z:0」に設定します❶。Box Collider 2Dのサイズを「X：7 Y：9」に設定し❷、「トリガーにする」にチェックを入れます❸。

これで、ステージ全体を覆うコライダーができました。

トリガーにする（isTriggerフラグ）とは

チェックポイント、アイテムを特定の場所でだけ使いたい時、重なった時にだけ反応してほしいイベントなど、「衝突はしてほしくないが、当たったことは知りたい」場合にトリガーを設定します。トリガーにしたコライダーのことをトリガーコライダーといいます。ここでは、このコライダーにプレイヤーが衝突して跳ね返っては困るので、「トリガーにする」をチェックしています。

3 Visual Studioの画面に切り替え、「SpawnOrb」スクリプトを編集しましょう。Spawn関数の下に新しい関数を作ります。

```
7         public GameObject orb;
8         // Start is called before the first frame update
9         void Start()
   (略)
14         IEnumerator Spawn()
   (略)
34
35         private void OnTriggerExit2D(Collider2D collision)
36         {
37
38         }
```

コライダーを付けていると、「OnCollision」「OnTrigger」のようなイベントを使うことができます。たとえば、コライダーが衝突したり通り抜けたりすると、Unityがこれらのイベントを呼び出します。

ここでは、ステージの外に出ていった時に球を消したいので、出ていったかどうかがわかる「OnTriggerExit2D」イベントを使います。

Hint

プログラムを折りたたんで見やすくする
プログラムが長くなってくると、目的の箇所を探すのが難しくなってきます。

[-] ボタンをクリックすると、スコープごとに折りたたむことができます。
[+] ボタンで再表示されます。

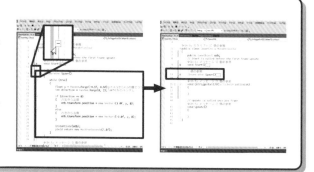

Triggerイベントは、コライダーの「トリガーにする」にチェックが入っている場合に使います。「衝突した時」を始め、いろいろなイベントが用意されています。よく使うイベントなので確認しておきましょう。

OnCollisionEnter	他のコライダーに衝突した時に呼ばれる
OnCollisionExit	他のコライダーが離れた時に呼ばれる
OnCollisionStay	他のコライダーが触れている間、連続で（1回/1フレーム）呼ばれる
OnTriggerEnter	他のコライダーが重なった時に呼ばれる
OnTriggerExit	他のコライダーが離れた時に呼ばれる
OnTriggerStay	他のコライダーが触れている間、連続で（1回/1フレーム）呼ばれる

4 他のコライダーが離れた時、そのコライダーが球だったら削除するようにしましょう。Visual Studioで「SpawnOrb」スクリプトを開き、「OnTriggerExit2D」の中にプログラムを記述します。

```
35        private void OnTriggerExit2D(Collider2D collision)
36        {
37            if (collision.CompareTag("Enemy"))
38            {
39                Destroy(collision.gameObject);
40            }
41        }
```

> ここに「離れたコライダー」が入ってきます。

どのコライダーが離れたかは、35行目にある「Collider2D collision」という引数に入っています。そこで、68ページで設定したタグを使い、「Enemyのタグが付いているかどうか」をチェックしているのが37行目です。

```
collision.CompareTag("Enemy")
```

そして、39行目でオブジェクトを削除するための「Destroy関数」を使っています。引数にゲームオブジェクトを渡すと、そのオブジェクトを削除します。

5 スクリプトを保存してUnityの画面に戻り、再生しましょう。再生中に「シーン」タブに移動すると、ステージの外に出た球が消えることが確認できます。

6 Visual Studioの画面に戻り、「SpawnOrb」スクリプトを編集します。今度はプレイヤーとの当たり判定を追加しましょう。

```
35        private void OnTriggerExit2D(Collider2D collision)
36        {
37            if (collision.CompareTag("Enemy"))
38            {
39                Destroy(collision.gameObject);
40            }
41            if (collision.CompareTag("Player"))
42            {
43                Destroy(collision.gameObject);
44            }
45        }
```

Playerタグを使ってプレイヤーかどうかを判定します（41行目）。これでプレイヤーが画面の外に飛び出した時に、プレイヤーが削除されるようになりました。

ヒエラルキーから
Playerが消えた

7 スクリプトを保存し、Unityの画面に戻って再生します。プレイヤーが画面外に出た時にオブジェクトが削除されていることを確認しましょう。

2 爆発エフェクトを作ろう

2.7.2
操作 Movie

プレイヤーがやられた時に、爆発するようにしましょう。爆発用のスプライトを用意しています
ので、これを使ってアニメーションを作ります。

1 Assetsの中から画像「boom」をクリック
して選択し❶、インスペクターの「スプライ
トモード」を「複数」に、「ユニット毎のピ
クセル数」を「72」に設定します❷。

次に、「Sprite Editor」をクリックします❸。

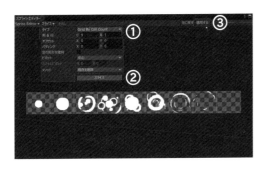

2 スプライトエディターで画像を分割します。
44ページと同じ手順でタイプを「Grid By
Cell Count」、列＆行を「C：9 R：1」と入
力し❶、［スライス］をクリックします❷。
画像が分割されたら［適用する］をクリック
し❸、スプライトエディターを閉じます。

3 スプライトの画像をすべて使うので、Assets
の「boom」をそのままシーンにドラッグし
ます❶。アニメーションファイルを名前を付
けて保存します。ここでは「boom.anim」と
しました。

Memo ここで保存したファイルをアニメーシ
ョンクリップといいます。

4　オブジェクトの名前を「Boom」に変更します**❶**。

5　再生して確認してみると、ステージで爆発の
アニメーションが再生されています。しかし
ながら、アニメーションが繰り返し再生され
てしまいます。1回だけ再生されるように変
更しましょう。

Hint

アニメーションクリップとは
画像だけでなく、コンポーネントの
変化も一緒に登録しておくことがで
き、これらの設定をまとめて保存し
てあるファイルのことをアニメーシ
ョンクリップと呼びます。
アニメーションクリップをダブルク
リックすると、編集ウィンドウが開
きます。

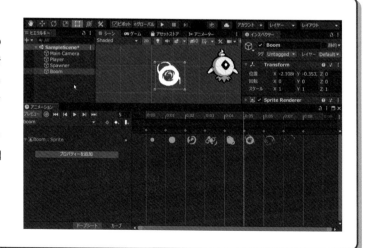

6 先ほど保存した「boom」アニメーションクリップをクリックし❶、インスペクターの「時間をループ」という項目をクリックしてチェックを外します❷。

Memo この設定により、アニメーションを繰り返さなくなります。

7 アニメーションが完成したので、いつでも生成できるようにプレハブにしておきましょう。ヒエラルキーの「Boom」オブジェクトをAssetsにドラッグします❶。

8 プレハブになりました。シーンの中にあるBoomは不要なので、ヒエラルキーの「Boom」を選択して Delete キーで削除します❶。

3 球がプレイヤーに当たったら爆発させよう

86ページでは、球がステージから出た時にOnTriggerイベントを使いました。プレイヤーと球の当たり判定にはOnCollisionイベントを使います。

1 Visual Studioの画面を開き、「PlayerController」スクリプトにプログラムを追加しましょう。

```
5     public class PlayerController : MonoBehaviour
6     {
7         public Rigidbody2D rb2d;
8         public float jumpForce = 300f;
(略)
11        void Start()
(略)
17        void Update()
(略)
25
26        private void OnCollisionEnter2D(Collision2D collision)
27        {
28            if(collision.gameObject.CompareTag("Enemy"))
29            {
30                gameObject.SetActive(false);
31            }
32        }
33    }
```

OnCollisionEnter2Dは、コライダー同士が当たった時に呼ばれるイベントでした。
このイベントを使って、Enemyのタグを持つオブジェクトだったら、プレイヤーを非表示にしてみます。

> **Memo** OnTriggerとOnCollsionでは引数が異なります。OnCollisionの時は引数がCollision、OnTriggerの時は引数がColliderになります。間違えやすいので気をつけましょう。

プレイヤーが削除された

2 スクリプトを**保存**し、Unityの画面に戻って再生してみましょう。球が当たると、非表示にしただけのはずのプレイヤーオブジェクトが削除されています。

非表示になるとステージの当たり判定から外れてしまい、86ページで作成した「OnTriggerExitイベント」が反応し、プレイヤーが削除されてしまいます。

Hint

OnTriggerかOnCollisionか

85ページで設定した「トリガーにする」にチェックが入っているかどうかで、OnTriggerを使うのかOnCollisionを使うのかが決まります。

■ OnCollision系のメッセージが送信される

		トリガーなし			トリガーあり		
		リジッドボディなし	ダイナミック	キネマティック	リジッドボディなし	ダイナミック	キネマティック
トリガーなし	リジッドボディなし		○				
	ダイナミック	○	○	○			
	キネマティック		○				
トリガーあり	リジッドボディなし						
	ダイナミック						
	キネマティック						

■ OnTrigger系のメッセージが送信される

		トリガーなし			トリガーあり		
		リジッドボディなし	ダイナミック	キネマティック	リジッドボディなし	ダイナミック	キネマティック
トリガーなし	リジッドボディなし					○	○
	ダイナミック				○	○	○
	キネマティック				○	○	○
トリガーあり	リジッドボディなし		○	○	○	○	○
	ダイナミック	○	○	○	○	○	○
	キネマティック	○	○	○	○	○	○

3 Visual Studioから「SpawnOrb」スクリプトを開き、プレイヤーが削除された時に、爆発エフェクトを生成しましょう。

```
5    public class SpawnOrb : MonoBehaviour
6    {
7        public GameObject orb;
8        public GameObject boom;          プレハブを入れる変数です。
9        // Start is called before the first frame update
10       void Start()
(略)
15       IEnumerator Spawn()
(略)
35
36       private void OnTriggerExit2D(Collider2D collision)
37       {
38           if (collision.CompareTag("Enemy"))
39           {
40               Destroy(collision.gameObject);
41           }
42           if (collision.CompareTag("Player"))
43           {
44               Instantiate(boom,                    場所・回転を決
45                   collision.transform.position,    めて作ります。
46                   Quaternion.identity);
47               Destroy(collision.gameObject);
48           }
49       }
```

Orbと同じように、boomをアタッチするための変数を用意し、Instantiateを使います。球を生成する時は、あらかじめ球の座標を移動させてからInstantiateしていましたね。引数を渡すことにより、生成・場所指定・回転を一度に行うことができます。

```
Instantiate(オブジェクト,場所,回転)
```

今回はプレイヤーの場所で爆発してほしいので、transform.positionを使います。回転はしてほしくないので、無回転を表すスタティック変数Quaternion.identityを渡します。

Hint

回転させたい場合は

TransformのRotationのように、x, y, zの回転を使用したい場合は、Quaternionに変換する関数「Quaternion.Euler」を使います。「Quaternion.Euler (0, 30, 0)」のように使います。

4 スクリプトを保存して、Unityの画面に戻りましょう。boom変数が空のままなので、爆発のプレハブをアタッチします。

ヒエラルキーの「Spawner」をクリックして選択し❶、インスペクターを開き、爆発のプレハブをboom変数にドラッグしてアタッチします❷。

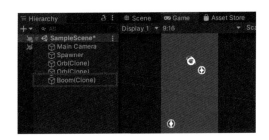

5 再生すると、プレイヤーが球に当たった時に爆発するようになりました。しかし、爆発オブジェクトがヒエラルキーに残ったままです。

6 Visual Studioから「SpawnOrb」スクリプトを開き、爆発エフェクトを作る部分を変更しましょう。生成した爆発エフェクトを変数で受け取って、その変数を使って削除します。

```
42        if (collision.CompareTag("Player"))
43        {
44            GameObject effect = Instantiate(boom,
45                collision.transform.position,
46                Quaternion.identity);
47            Destroy(collision.gameObject);
48            Destroy(effect, 3);
49        }
```

秒数を指定して削除します。

2.8

タイトルを表示しよう

最後に、タイトルや背景を追加して、ゲームらしく仕上げましょう。ゲームの最初にだけタイトルを表示したり、ゲームの終わりには球が出てこないようにしたりして、シーンごとに違う動きをさせられるよう工夫しましょう。

■ オブジェクトの並び順を変更する

Unityのシーンに配置されたオブジェクトには重なり順があり、前後に配置するためにはレイヤーを設定する必要があります。レイヤーの順序とソートレイヤーの違いを確認し、重なり順をうまく調整できるようになりましょう。

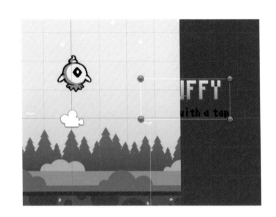

■ 起動時は重力をオフにする

オブジェクトに付いているコンポーネントの設定は、Unityの画面からだけでなくプログラムからも変更することができます。シーンにあわせて重力の切り替えができるようにしましょう。

■ フラグを使ってタイミングをコントロールする

条件分岐に使用する変数のことを「フラグ」といいます。プレイヤーがゲームオーバーになったかどうかをフラグを使って管理できるようになりましょう。フラグは自分の好きなタイミングでオン／オフを切り替えることができます。さまざまな条件を組み合わせることができ、プログラムの幅が広がるので、うまく使えるようになりましょう。

1 ▶ オブジェクトの並び順を変更しよう

2.8.1
操作 Movie

1 Assetsの中にある背景（bg）をシーンにドラッグします❶。背景は、画面に黒いところがなくなるよう大きさを調節します。四隅の青い丸をドラッグするか、Transformのスケールを変更すると、大きさを変えられます。

同様にして、Assetsにあるタイトル（title）もシーンにドラッグします。

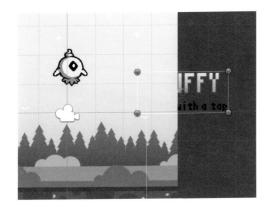

2 タイトルを配置すると、背景の後ろになってしまいました。タイトルが手前に表示されるようにしましょう。

3 ここでは手軽な方法として、SpriteRendererのレイヤーの順序を変更します。

ヒエラルキーの「title」をクリックして選択し❶、インスペクターからSprite Rendererコンポーネントの「レイヤーの順序」を「1」に設定します❷。

これで、タイトルが背景の手前に表示されます。

4 レイヤーを設定し、レイヤーごとに並び順を変える方法もあります。

インスペクターの「ソートレイヤー」をクリックし、「Add Sorting Layer」をクリックします❶。

5 レイヤーを追加する画面が表示されました。［+］ボタンをクリックし❶、レイヤーを追加します。

「New Layer」と書かれた部分に、レイヤー名を入力します❷。

Memo ここでは、レイヤー名を「BG」としました。

6 BGレイヤーを、Defaultレイヤーの上にドラッグします❶。

Memo ややこしいのですが、ソートレイヤーで上にあるレイヤーほど、画面では下に表示されます。

7 ヒエラルキーの「bg」をクリックして選択し**①**、インスペクターでSprite Rendererコンポーネントの「ソートレイヤー」をクリックして「BG」を選択します**②**。

2章

アクションゲームを作ろう

> **Memo** 最後にタイトルとプレイヤーの位置を調整します。
> タイトル X：0　Y：0　Z：0
> プレイヤー X：0　Y：2　Z：0

👆**Hint**

レイヤーの表示順

「レイヤーの順序」は「ソートレイヤー」内での表示順になります。レイヤーの順序の数をいくら増やしても、設定されているレイヤーを超えて前面に出てくることはありません。
レイヤーの順序にはマイナス値も設定できます。

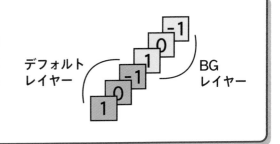

---

2 ▶ ゲーム起動時は重力をオフにしよう

2.8.2 操作Movie

ゲームを再生するとタイトルが表示されるようになりましたが、実はこの時点でゲームが始まってしまいます。タイトルを表示している場合は、プレイヤーが落ちたり、球が出てきたりしないように設定しましょう。

1 Visual Studioの画面を開き、「PlayerController」スクリプトにプログラムを追加しましょう。

```
5    public class PlayerController : MonoBehaviour
6    {
7        public Rigidbody2D rb2d;
8        public float jumpForce = 300f;
9
10       // Start is called before the first frame update
11       void Start()
12       {
13           rb2d.isKinematic = true;
14       }
15
16       // Update is called once per frame
17       void Update()
18       {
19           if (Input.GetMouseButtonDown(0))
20           {
21               if(rb2d.isKinematic == true)
22               {
23                   rb2d.isKinematic = false;
24               }
25               rb2d.velocity = Vector3.zero;
26               rb2d.AddForce(Vector3.up * jumpForce);
27           }
28       }
```

67ページで解説したように、重力の影響を受けないようにするには、キネティック（Kinematic）を使うのでした。プログラムからも「isKinematic」を使ってキネティックをオンにすることができます。ゲームスタート時にtrueにしています（13行目）。
また、クリックされた時にisKinematicがtrueなら、false
にします（21 〜 24行目）。

2 スクリプトを保存してUnityの画面に戻り、再生して
確認してみましょう。クリックするまでは、下に落ち
なくなりました。

3 クリックされたらタイトルを消すようにしましょう。Visual Studioの画面を開き、「PlayerController」スクリプトにプログラムを追加します。

```
 5    public class PlayerController : MonoBehaviour
 6    {
 7        public Rigidbody2D rb2d;
 8        public float jumpForce = 300f;
 9        public GameObject title;
(略)
12        void Start()
(略)
17        // Update is called once per frame
18        void Update()
19        {
20            if (Input.GetMouseButtonDown(0))
21            {
22                if(rb2d.isKinematic == true)
23                {
24                    rb2d.isKinematic = false;
25                    Destroy(title);
26                }
27                rb2d.velocity = Vector3.zero;
28                rb2d.AddForce(Vector3.up * jumpForce);
29            }
30        }
```

> タイトルのオブジェクトを入れておく変数です。

ここでは簡単に、「Destroy」を使って消してしまいましょう（25行目）。9行目でtitleのオブジェクトを入れる変数を用意し、クリックされた時にDestroyするようにしています。

4 スクリプトを保存し、Unityの画面に戻りましょう。ヒエラルキーの「Player」をクリックして選択し、Player Controllerの「Title」(title変数）に、titleオブジェクトをドラッグしてアタッチします❶。

これで、クリックされたらタイトルが消えるようになりました。

2章 アクションゲームを作ろう

3 ▶ フラグでタイミングをコントロールしよう

2.8.3
操作 Movie

今はゲームが始まる前のタイトル画面でも、球が出てきてしまいます。最初にクリックされるまで待つようにしましょう。

1 Visual Studioの画面を開き、「SpawnOrb」スクリプトのコルーチンSpawnの中にプログラムを追加します。

```
15    IEnumerator Spawn()
16    {
17        yield return new WaitUntil(() => Input.GetMouseButtonDown(0));
18        while (true)
19        {
20            float y = Random.Range(-4.5f, 4.5f);
21            int direction = Random.Range(0, 2);
22
```

> クリックされる
> まで中断します。

yield returnは、「〇秒待つ」だけではなく「〇〇まで待つ」という使い方もできます。WaitForSecondsの代わりに**WaitUntil**を使うと、指定された条件がtrueになるまでコルーチンの実行を中断することができます。

ここでは、クリックされた時まで待つようにしたいので「Input.GetMouseButtonDown(0)」を使います（17行目）。

2 スクリプトを**保存**してUnityの画面に戻り、再生して確認しましょう。タイトル時には球が出てこなくなり、クリックすると球が出現するようになりました。

3 次は、ゲームオーバー時にも球が出てこなくなるようにしましょう。Visual Studioの画面を開き、「SpawnOrb」スクリプトを編集します。

```
5     public class SpawnOrb : MonoBehaviour
6     {
7         public GameObject orb;
8         public GameObject boom;
9         private bool isAlive = true;
     (略)
12        void Start()
```

> プレイヤーが生きて
> いるかどうかをチェ
> ックする変数です。

続く→

102

```
       (略)
17         IEnumerator Spawn()
18         {
19             yield return new WaitUntil(() => Input.GetMouseButtonDown(0));
20             while (isAlive)
21             {
       (略)                        ┌─────────────────┐
36             }                   │ while(true) を        │
37         }                       │ while(isAlive) に置き換えます。│
38                                 └─────────────────┘
39         private void OnTriggerExit2D(Collider2D collision)
40         {
41             if (collision.CompareTag("Enemy"))
       (略)
45             if (collision.CompareTag("Player"))
46             {
47                 GameObject effect = Instantiate(boom,
48                     collision.transform.position,
49                     Quaternion.identity);
50                 Destroy(collision.gameObject);
51                 Destroy(effect, 3);            ┌──────────┐
52                 isAlive = false;  ◀────────│ プレイヤーを削除     │
53             }                              │ する時にisAliveを  │
54         }                                  │ falseにします。     │
                                             └──────────┘
```

bool型は、trueかfalseかを保存しておく変数です。whileの条件をisAliveに置き換えて、プレイヤーが生きている間だけ繰り返すようにしましょう（20行目）。ゲームオーバーになったらisAliveをfalseにします（52行目）。

このように、プログラムをオンオフするための条件に使う変数のことを「フラグ」と呼びます。isTriggerやisKinematicnなど、boolean型の変数は「is〜〜」で命名することが多いです。

4　スクリプトを保存し、Unityの画面に戻って確認してみましょう。プレイヤーがやられると、球は作られなくなりました。
これでゲームの完成です！

4 ▶ ゲームをアレンジしてみよう

TransformのScaleを変えるとオブジェクトの大きさを変更でき、難易度を調整することができます。プレイヤーや球が大きくなると難しくなり、小さければ簡単になります。

今回のゲームは左右から障害物が飛んでくるタイプでしたが、片側から障害物が向かってくるようなゲームにアレンジすることができます。

縦長の障害物を用意しておけば、Y座標をランダムにするだけでOKです

次の3章では、効果音やパーティクル、画面にスコアなどの文字を表示する方法をマスターできます。

画面がにぎやかになると、もっとゲームらしくなりますのでぜひ習得して、アレンジに役立ててください。

3章

クリックゲームを
作ろう

3.1

ゲームを設計しよう

この章で作るのは、モンスターをクリックして倒すゲームです。モンスターを倒すとコインがゲットでき、貯まったコインを使ってパワーアップし攻撃力を上げることができます。

ゲームをプレイしてみよう
ゲームを実際にプレイすることができます。
http://www.logic-lab.net/unity-sample/clicker/
※スマートフォンのブラウザーの場合、ゲームが正しく動作しない場合があります。

■クリックしてモンスターを攻撃

モンスターをマウスでクリックするか、画面をタップすることで攻撃することができます。モンスターの下には、そのモンスターのHP（ライフ）が表示されており、HPがなくなるとモンスターを倒すことができます。

■モンスターを倒してコインをゲット

モンスターを倒した時にコインをゲットすることができます。一定数のコインが貯まると、画面下にある［POWER UP］ボタンを押せるようになります。

■レベルを上げてパワーアップ

［POWER UP］ボタンを押すとプレイヤーのレベルが上がり、1回のタップで与えられるダメージ量が増えます。パワーアップを繰り返しながら強くなる敵と戦う、いわゆるクリッカーゲームです。

1 ▶ 必要なパーツを考えよう

まず、ゲームに何があるかを分解してみましょう。登場するのは以下の部品です。

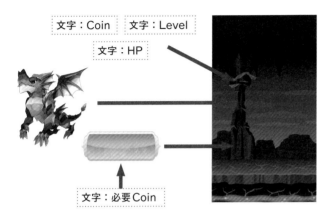

文字：Coin　文字：Level

文字：HP

文字：必要Coin

1：モンスター
2：ボタン
3：所持コイン・レベル
　　モンスターのHP用テキスト
4：背景
5：効果音・エフェクト

3 章

クリックゲームを作ろう

2 ▶ パーツごとに機能を書き出そう

今回は、アニメーションしたり動いたりするパーツがありません。ゲームをにぎやかにするために、エフェクトや音などの効果やボタンを使いましょう。

モンスター

実装したい機能
①クリックで色が変わる
②攻撃エフェクトを表示する
③倒した時にコインを発生させる
④ランダムで新しい敵が出現する
⑤ゲームが進むと強い敵が出現する

必要なUnityの機能

ボタン

実装したい機能
①ボタンを押すと攻撃力が増える
②必要なコイン数が表示される
③コイン数が足りない時は押せなくする

必要なUnityの機能

3.1　ゲームを設計しよう　　107

3 ゲームを作る準備をしよう

3.1.3
操作 Movie

Unity Hubから［新規作成］で新しいプロジェクトを作りましょう。

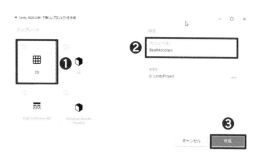

1 テンプレートから「2D」をクリックし❶、プロジェクト名に「BeatMonsters」と入力します❷。

［作成］ボタンをクリックしてプロジェクトを作成します❸。

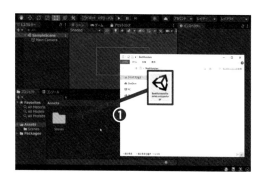

2 プロジェクトを開いたら、あらかじめダウンロードしておいた素材の中から、「BeatMonstersMaterials.unitypackage」をAssetsにドラッグします❶。

> **Memo** サンプル素材のダウンロードは、4ページの解説を参考にしてください。

 Hint

unitypackageファイルとは、Unity上のさまざまな設定を保存してあるファイルです。Unityプロジェクトのデータを他のプロジェクトにコピーしたい時に使います。プロジェクトにファイルを取り込むことを「インポート」と言います。

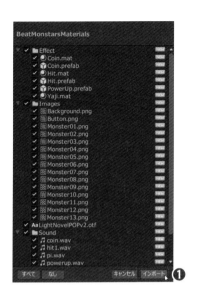

3 どのファイルを取り込むかを選ぶウィンドウが現れました。すべてにチェックが入っていますね。今回は全部使うので、このまま［インポート］ボタンをクリックします❶。

フォルダー内の素材が表示された

4 Assetsフォルダー内に、素材フォルダーがまとめて追加されました。フォルダーツリーの「Images」フォルダーをクリックすると、フォルダーの中身が表示されます。

> **Memo** フォルダーツリーは、「Assets」下にあるフォルダー構成を表示する場所です。

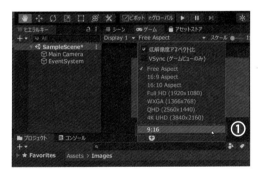

5 素材の準備ができたら、ゲームのアスペクト比を変えておきましょう。41ページのように［ゲーム］タブの「Free Aspect」をクリックして表示されるメニューから「9：16」を選び❶、縦長にします。

> **Memo** 「9：16」の設定は、本書の第2章で作成したものです。表示されない場合は、41ページの手順で作成しておきましょう。

3.2

UIを作ろう

今回のゲームは、ステージにボタンやテキストが配置されています
ね。これらをUI（ユーザーインターフェース）と言い、見た目や
操作性をデザインすることをUIデザインと言います。まずは、イ
メージ通りにテキストやボタンを置けるようになりましょう。

■自由に文字を配置する
ゲームをプレイする人が読みやすいように、文字の表示を変更でき
るようになりましょう。画面に直接表示するテキストやボタン内の
テキストについて、色や大きさ、フォントを変えてゲームのイメー
ジに合わせてみましょう。

■UIを好きな場所に表示する
スマホやブラウザーなど、ゲームを実行する端末の画面サイズが変わった時に、文字やボタンが
見えづらくなってしまうようでは困ります。UIがいつも同じ場所に表示されるように設定する
方法を学びましょう。

■ボタンを作成する
クリックした時に見た目を簡単に変えられるボタンの追加方法をマスターしましょう。ボタンの
中にテキストが入っている標準のボタンを追加する方法と、画像をボタンに変更する方法を学び
ます。

1 ▶ ステージに文字を表示させよう

3.2.1
操作 Movie

1 ヒエラルキーを右クリックして表示されるメニューから［UI］→［テキスト］をクリックします❶。

2 ヒエラルキーに「Canvas」と「Text」が追加されました。「Text」の名前を「CoinLabel」に変更します❶。テキストが追加されましたが、ステージには何もないように見えます。

> **Memo** 「Text」が表示されていない場合は、Canvasの横にある▶をクリックすると展開され表示されます。

3 「CoinLabel」をダブルクリックします❶。「CoinLabel」オブジェクトがシーンウィンドウの中央に表示されました。カメラで映しているエリアより、だいぶ大きく表示されていますね。

> **Memo** 以降の手順で、テキストの位置やサイズを調整していきます。

Hint

Canvasの役割

UIはすべて「Canvas」内にまとめられ、他のゲームオブジェクト
をシーン上で操作する時に邪魔にならないように、このように大き
く表示されています。

別々に表示されていますが、ゲームを再生すると重なって表示され
ます。

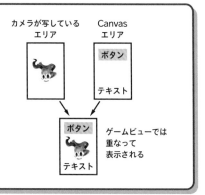

4 NewTextと書かれている部分を、違う文字
にしてみましょう。CoinLabelのインスペク
ターでTextコンポーネントを探します❶。

「テキスト」と書かれた部分を変更する
と、文字が変わります。ここでは「Coin：
00000」と入力します❷。すると、入力し
た文字が表示されました。

5 次にテキストの色を変えてみましょう。Text
コンポーネントの中の「色」をクリックしま
す❶。

色を変更するウィンドウが開きました。ここ
では黄色をクリックして変更します❷。

Memo この画面はカラーピッカーといいま
す。色の明るさや鮮やかさは、中央の四角い
部分で設定します。今回は右上（最も鮮やか
で明るい色）にしています。

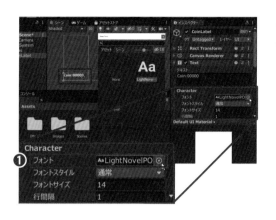

6 フォントも変更することができます。Text
コンポーネントの「フォント」の横にある◎
をクリックすると❶、一覧の中からフォント
を選ぶことができます。

ここでは「LightNovelPOP」を選びました。
文字が可愛いフォントに変更されています。

Hint

好きなフォントを使いたい時は

「Assets」フォルダーにフォントファイルを追加すれば、手順**6**で選べるようになります。TrueType
Fonts（ttfファイル）かOpenType Fonts（otfファイル）を使うことができます。Unity標準のArial
フォントは、WebGLで書き出した時に日本語の表示が上手くできないことがあるので、日本語対応のフ
ォントを使いましょう。

なお、ゲームを配布したい場合は「再配布不可」のフォントは使えないので注意が必要です。M+
FONTSやその派生フォントが使いやすいです。利用規約をよく確認して使用しましょう。

---

2 ▶ UIを固定しよう

3.2.2
操作 Movie

シーンビューでテキストをドラッグすると、Canvas内の好きな場所に
移動させることができます。とくにUIは、ゲームを実行する端末のウ
ィンドウサイズによって表示されなくなるようでは困るので、配置の設
定をしておきましょう。

1 CoinLabelのインスペクターからRect Transformコンポーネントを開きます❶。

Transformと同じように、位置や大きさを変更することができます。「middle center」と書かれた図をクリックします❷。

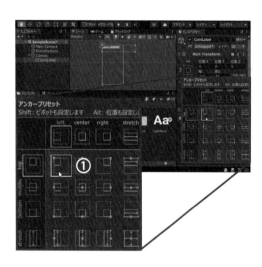

2 「アンカープリセット」が表示されました。オブジェクトのアンカーやピボットを設定するための画面です。

[Shift]+[Alt]を押しながら、左上の四角をクリックします❶。アンカーと位置が設定され、CoinLabelが左上に移動しました。

💡Hint

ピボットとアンカー

ピボットは、移動や回転の支点のことです。左上にピボットがある場合は、左上を基準に座標を設定したり、回転したりします。

アンカーは、オブジェクトの場所を決める時の基準点です。UIオブジェクトは、アンカーからどれくらい離れているか、という基準で場所を決定します。

アンカーの設定画面では何も押さなければアンカーだけ設定、[Shift]を押しながらクリックするとピボットも一緒に設定します。[Alt]を押しながらクリックすると、位置を一緒に設定できます。

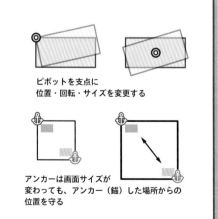

ピボットを支点に
位置・回転・サイズを変更する

アンカーは画面サイズが
変わっても、アンカー（錨）した場所からの
位置を守る

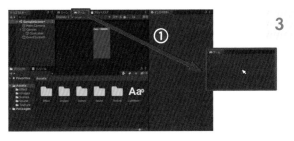

3 動作を確認しましょう。ゲームビューをはじめ、Unity内にあるタブは、好きな場所に移動させることができます。

ここでは［ゲーム］タブを、Unityウィンドウの外にドラッグします❶。

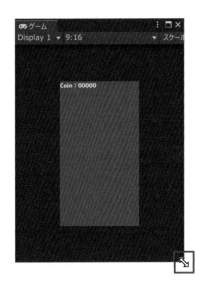

4 ゲームタブが独立して表示されました。ウィンドウの角をマウスでドラッグすると、画面のサイズを変えることができます。

サイズを変更してみると、CoinLabelが左上に固定されるようになりました。しかし、文字の比率が変わってしまいますね。

> 画面が大きくなると文字が小さく見える

5 どの画面サイズでも、文字の比率が変わらないようにしましょう。ヒエラルキーで「Canvas」を選択し、Canvas Scalerコンポーネントを開きます。

UIスケールモードを「画面サイズに拡大」にすると❶、比率が固定されます。参照解像度は「X:1080」「Y:1920」にしました❷。

Memo この解像度を基準に、画面サイズに合わせてUIの大きさを調整します。

6 ゲーム画面とUI画面がバラバラで編集しづ
らい時は、Canvasコンポーネントの「レン
ダーモード」を「スクリーンスペース‐カメ
ラ」にします❶。

ヒエラルキーの「Main Camera」をレンダ
ーカメラにドラッグしてアタッチします❷。

7 UIがカメラで映している部分と同じところ
に表示されました。

Memo 画面の端に文字が重ならないよう、
CoinLabelの位置を調整しています。ここで
は、CoinLabelの位置を「X：50」「Y：-50」
にしました。

8 Canvas Scalerコンポーネントの設定を変
更したので、今までと大きさが変わってしま
います。テキストの大きさや場所を調節しま
しょう。

ここでは、「幅950」「高さ100」❶、フォ
ントサイズを「70」に設定しました❷。

Memo これで画面サイズに合わせたUIにす
ることができました。手順❹と同じようにゲ
ームタブのウィンドウサイズを変更すると、
画面に合わせて文字の大きさが変わり、同じ
比率で表示されるようになります。

3 ▶ 他のラベルや画像も追加しよう

3.2.3
操作 Movie

同じ設定を何度もするのは面倒なので、既存のテキストをコピーして使いましょう。

1 ヒエラルキーのCoinLabelをクリックして選択し❶、Ctrl＋Dキーを押します。

> **Memo** 対象となるオブジェクトを選択しているかどうか、確認してから操作を行ってください。

2 同じ場所に「CoinLabel（1）」が現れました。

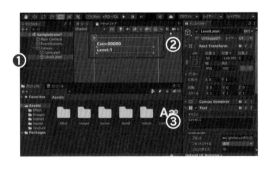

3 名前を「LevelLabel」にします❶。シーンのテキストをCoinLabelの下に配置します❷。位置は「X：0　Y：-150」にしました。

レベルを表示する場所なので、分かりやすいようにテキストも「Level：1」に変更します❸。

Hint

オブジェクトの位置の調整

オブジェクトの位置は、上記のようにインスペクターで位置の値を入力する方法のほか、ドラッグして変更することもできます。最初にドラッグでおおよその位置を決めてから、きりの良い数値を入力すると良いでしょう。

4 モンスターの画像を表示します。

UIに画像を追加するには、ヒエラルキーを右クリックして表示されるメニューから[UI]→[画像]をクリックします❶。

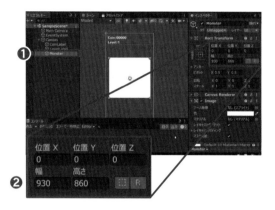

5 シーンに四角が現れました。名前や大きさを決めましょう。

ヒエラルキーで名前を「Monster」に変更し❶、インスペクターで位置を「X:0」「Y:0」、「幅：930」「高さ：860」に設定します❷。

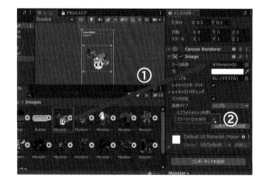

6 モンスターの画像をアタッチしましょう。

Imageコンポーネントの「ソース画像」に、「Images」フォルダー内の画像「Monster01」をドラッグしてアタッチします❶。

画像が伸縮しないように、「アスペクト比を保持」にチェックを入れます❷。

Memo オブジェクトのサイズと画像のサイズが合わない時は、自動で拡大・縮小されてしまいます。画像のサイズの比率を守りたい時は、「アスペクト比を保持」にチェックを入れましょう。

7 モンスターのHPを表示するラベルも追加しましょう。

手順**1**に従ってテキストをコピーし、モンスターの下に配置します。オブジェクト名を「HpLabel」にします**❶**。位置やサイズは左の図を参考にしてください。

表示するテキストは、「0/0」としました**❷**。この文字は中央寄せにしたいので、Textコンポーネントの「整列」で中央寄せを選びます**❸**。

3
章

クリックゲームを作ろう

> **Memo** アンカープリセットを表示して「middle center」にしておきます。[Alt]+[Shift]を押しながらクリックします。

Hint

文字の色が黒くなってしまったら
何度か再生していると、左の画面のようにテキストの色が黒くなってしまうことがあります。

そんな時はTextコンポーネントの「マテリアル」を変更してみましょう。「なし（マテリアル）」の横にある［◎］ボタンをクリックし、「Font Material」をクリックすると元に戻ります。

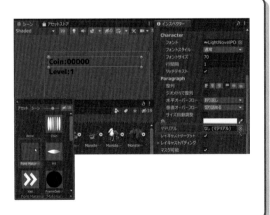

4 ボタンを追加しよう

3.2.4
操作 Movie

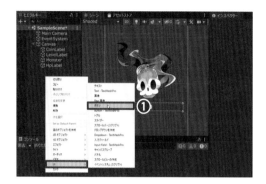

1 パワーアップ用のボタンを配置しましょう。ヒエラルキーを右クリックして表示されるメニューから［UI］→［ボタン］をクリックします❶。

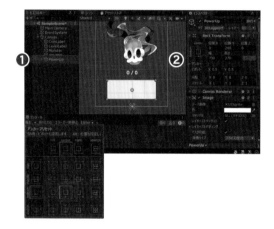

2 ボタンが追加されました。

ボタンの名前を「PowerUp」に変更します❶。位置を「bottom center」「X：0」「Y：240」に、サイズを「幅：730」「高さ：270」にします❷。

再生すると、ボタンをクリックできることがわかりますね。

3 ボタンの画像を変更しましょう。

Imageコンポーネントの「ソース画像」に、Assetsの「Images」フォルダーのボタン画像（Button）をドラッグしてアタッチします❶。

120

4 ボタンにはあらかじめテキストがくっついています。

ヒエラルキーの「PowerUp」の左にある▶をクリックすると❶、「Text」が現れます。

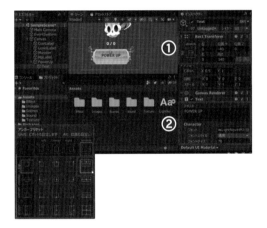

5 「Text」を選択した状態で、アンカープリセットで Shift キーを押しながら「top stretch」を選択し、位置を「Y：-40」「高さ：140」にします❶。

テキストは「POWER UP」、フォントは「LightNovelPOP」、フォントサイズは「70」にしました❷。

6 パワーアップに必要なコインの枚数を表示するためのテキストを作りましょう。

ヒエラルキーから「PowerUp」の「Text」を選択し、Ctrl + D でコピーします。

名前を「RequireCoin」に変更し❶、Shift キーを押しながら「bottom stretch」を選択して、位置を「Y：30」「高さ：100」にします❷。

7 テキストの見た目も変更します。

テキストを「Coin:100」❶、フォントサイズを「50」❷、色を「赤」に設定します❸。

---

5 ▶ 画像をボタンにしよう

3.2.5
操作 Movie

今はまだ、モンスターの画像をクリックしても何も起こりません。コンポーネントを追加して、ボタンのようにクリックできるようにしましょう。

1 ヒエラルキーで、「Canvas」の「Monster」をクリックして選択します❶。

「コンポーネントを追加」で検索欄に「but」と入力し❷、「ボタン」コンポーネントをクリックして追加します❸。

2 ゲームを再生してみると、モンスターの画像をクリックした時に色が少し変わり、クリックしたことがわかるようになりました。

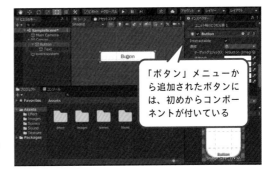

Hint

ボタンとボタンコンポーネント

マウスが重なった時やクリックした時、離された時などに見た目を変更したり、クリックされた時のイベントを設定することができるのが、ボタンコンポーネントです。

ヒエラルキーを右クリックして、[UI] → [ボタン]で追加した場合は、ボタンコンポーネントは自動で付いているので、クリックすれば色が変わります。

> 「ボタン」メニューから追加されたボタンには、初めからコンポーネントが付いている

ところが、画像にはボタンコンポーネントが付いていないので、クリックしても何も起こりません。このように、「ボタンではないもの」にボタンの機能を付けたい場合に、新しくボタンコンポーネントを追加する必要があるのです。

3 モンスターがクリックされた時の色を変えてみましょう。

「押下時の色」をクリックします❶。色を設定する画面が開いたら、オレンジ色を選択します❷。

4 再生して、モンスターをクリックすると色が変わることを確認しましょう。

> **Memo** ほかにも次のような色を設定することができます。
> ・通常の色
> ・ハイライト時の色
> ・無効時の色

3.3

クリックでモンスターを攻撃しよう

モンスターにボタンコンポーネントを追加したことで、クリックされたことを簡単に知ることができるようになりました。クリックされた時にモンスターのHPを減らし、やっつけられるようにプログラムを作ってみましょう。

■ モンスターのHPを表示する／HPを減らす
ステージに置かれたテキストは、プログラムから変更することができます。変数や文字を組み合わせて、自由にテキストを表示できるようになりましょう。また、ボタンコンポーネントには、あらかじめ用意した関数を呼び出す機能があります。関数の作り方や、ボタンコンポーネントとの関連付けの方法を学び、クリックされた時にモンスターのHPを減らせるようになりましょう。

■ モンスターをランダムに選択する
変数よりもたくさんのデータを扱える「配列」を使って、モンスターの画像を格納しておき、プログラム上で使えるようにしてみましょう。データを一度にアタッチしたり、配列の中から好きなデータを取り出して使えるようになりましょう。

■ モンスターを倒せるようにする
違うモンスターを出せるようになったら、モンスターを倒した時に新しいモンスターが出てくるようにしてみましょう。あらかじめ作っておいた関数を利用すれば、何度も同じプログラムを書かず効率化することができます。

1 ▶ モンスターのHPを表示しよう

3.3.1
操作 Movie

クリックで攻撃していることがわかるように、モンスターのHPを表示させてみましょう。

1 まずはモンスターに新しいスクリプトを追加します。

「コンポーネントの追加」で検索欄に「Monster」と入力し、「新しいスクリプト」をクリックします❶。

2 [作成して追加] をクリックします❶。

> **Memo** ここで入力した名前でスクリプトが作成されます。何をするスクリプトなのか、後から見た時にもわかりやすい名前にしておきましょう。

3 「Monster」という名前で、スクリプトが追加されました。

インスペクターかAssetsの中にある「Monster」スクリプトをダブルクリックし❶、Visual Studioの画面を開きます。

Visual Studioで「Monster」のスクリプトに変数を追加しましょう。

```
 1    using System.Collections;
 2    using System.Collections.Generic;
 3    using UnityEngine;
 4    using UnityEngine.UI;
 5
 6    public class Monster : MonoBehaviour
 7    {
 8
 9        // HPテキスト
10        public Text hpLabel;
11
12        // HP
13        private int hp;
14
15        // 最大HP
16        private int maxHp;
17
18        // Start is called before the first frame update
19        void Start()
20        {
21
22        }
23
24    }
```

テキストなどのUIをプログラムから操作する時には、UI用のエンジンを追加する必要があります。

HPを表示しているテキストを変更したいので、アタッチしてプログラム上から操作できるようにpublic変数を用意します。

HPを保存しておく変数です。

5 スクリプトを保存して、Unityの画面に戻ります。public変数として作った「HpLabel」が表示されていますね。

ヒエラルキーから「HpLabel」をドラッグしてアタッチします❶。これで、HPのテキストを操作できるようになりました。

6 スクリプトからHPの表示を変えてみましょう。Visual Studioの画面を表示し、「Monster」スクリプトのStart()関数にプログラムを追加します。

```
18      // Start is called before the first frame update
19      void Start()
20      {
21
22          maxHp = 10;
23          hp = maxHp;
24          hpLabel.text = hp + "/" + maxHp;
25
26      }
```

> テキストを変えたい時は hpLabel ＝ ○○; ではなく hpLabel.text ＝ ○○; のようにします。

22行目で、モンスターの最大HPを10に設定しています。そして、23行目でモンスターのHP（現在のHP）に最大HPをセットしています。

「＋」記号は、加算だけでなく、文字列を組み合わせたい時にも使うことができます。今回は「モンスターのHP / 最大HP」のように表示したいので、「hp変数 ＋ "/" ＋ maxHp変数」のようにしています（24行目）。

7 スクリプトを保存して、Unityに戻り再生してみましょう。モンスターのHPの表示が変わりました。

> **Memo** もし「The type or namespace name 'Text' could not be found」というエラーが出た場合は、4行目の「UnityEngine.UI」を追加し忘れているのが原因です。よくあるミスなのでチェックしておきましょう。

2 クリックでHPを減らそう

3.3.2
操作 Movie

HPが表示できるようになったので、モンスターをクリックした時にHPが減るようにしてみましょう。2章では、Unityにあらかじめ用意されている関数を使用しましたが、関数は自分で作ることもできます。ここではモンスターのHPを減らす関数を作って、クリックされた時に呼び出せるようにしましょう。

1 Visual Studioの画面に切り替え、「Monster」スクリプトのStart()関数の「}」の後（27行目）にプログラムを追加します。

```
27        public void OnClickMonster()
28        {
29            //ダメージを与えます
30            hp -= 1;
31            hpLabel.text = hp + " / " + maxHp;
32
33        }
```

「public void 関数名 () {}」と記述することで、関数を作ることができます。{} 内には、関数が呼び出された時の処理を書きます。今回はモンスターのHPを減らしたいので、HPの値をマイナスし、HPラベルを更新する処理を記述します。

2 スクリプトを保存して、Unityの画面に戻ります。「Monster」オブジェクトのインスペクターからButtonコンポーネントを開きます。Buttonコンポーネントの中に「クリック時 ()」という項目があります。この部分で、クリックされた時に実行するイベントを指定することができます。

128

3 「なし（オブジェクト）」と書かれた部分に「Monster（スクリプト）」をドラッグします❶。

4 「NoFunction」がクリックできるようになりました。ここから関数を選ぶことができます。

[Monster] →「OnClickMonster()」を選択します❶。

> **Memo** これは、「Monster」スクリプトの中にある「OnClickMonster」関数を選択する、という意味です。

5 再生して、モンスターをクリックしてみましょう。モンスターのHPが減っていくことがわかります。

> **Memo** この段階では、まだモンスターを倒したかどうかの判定を作成していません。そのため、モンスターのHPが0になってもクリックすることができます（HPはどんどん減っていきます）。

3　モンスターがランダムで出てくるようにしよう

3.3.3 操作 Movie

今のままでは同じモンスターしか表示されないので、いろいろなモンスターが出てくるようにしましょう。たくさんのデータを扱う時には、変数ではなく「配列」を使うと便利です。変数は箱の中にデータを入れておくようなイメージでしたが、配列は、変数の箱をたくさん並べて置いてある状態です。配列を使う時には、「配列名［箱の番号］」と指定をしてデータを取り出します。

1　配列にモンスターの画像を入れ、ランダムに取り出してみましょう。Visual Studioの画面に切り替え、「Monster」スクリプトのプログラムを変更します。

```
18        // 画像を切り替えるコンポーネント
19        public Image monsterImage;
20
21        // モンスターのリスト
22        public Sprite[] monsterImages;
23
24        // モンスターの初期化
25        private void Setup()
26        {
27            maxHp = 10;
28            hp = maxHp;
29            hpLabel.text = hp + "/" + maxHp;
30
31            // どの画像を使うかを乱数で決定します
32            int imageIndex = Random.Range(0, monsterImages.Length);
33
34            // 画像を変更します
35            monsterImage.sprite = monsterImages[imageIndex];
36        }
37
38        // Start is called before the first frame update
39        void Start()
40        {
41            Setup();
42        }
```

> 配列を作る時には、[]をつけます。スプライトを入れておくのでSprite[]とします。

> モンスターのHPや画像を決める処理は、関数にまとめてしまいます。Start内にあったプログラムをここに移動します。

> ゲームスタート時にSetup関数を呼び出します。もともと書かれていた処理は、Setup関数内（27〜29行目）に移動しました。

続く→

```
43
44          public void OnClickMonster()
45          {
46              //ダメージを与えます
47              hp -= 1;
48              hpLabel.text = hp + " / " + maxHp;
49          }
```

25行目で、新しい関数Setupを作成しています。モンスターのHPや画像を決める処理は、この関数の中で行います。そのため、128ページでStartの中に作成した「HPをラベルに表示する処理」も、Setup関数の中に移動しています（27〜29行目）。Startの中では、41行目のようにSetup関数を呼び出します。

32行目では、配列内のどの画像にするかをランダムで決めています。「配列.Length」とすることで、配列の中に画像がいくつあるかがわかります。

32行目で決めた値（imageIndex）を使い、35行目で配列内の画像をモンスターのオブジェクトにセットします。

2 スクリプトを保存して、Unityの画面に戻ります。「Monster」スクリプトに、変数Monster Imageと配列Monster Imagesが追加されています。

モンスターの画像が変更できるようにしましょう。ヒエラルキーから「Monster」をドラッグし❶、Monster Imageにアタッチします。

Memo MonsterのインスペクターからImageコンポーネントをアタッチしてもOKです。

3　次に、配列 Monster Images にモンスターの画像をアタッチしましょう。

プロジェクトの画像をまとめて選択したいのですが、インスペクターが切り替わってしまうので、まずはインスペクターをロックしましょう。インスペクターの右上の🔓マークをクリックして🔒マークにします。

4　プロジェクトの「Images」フォルダーの中にある Monster01 の画像をクリックし、Monster13 の画像を Shift キーを押しながらクリックして全モンスターの画像を選択します❶。選択した画像を、「Monster」スクリプトの配列 Monster Images にドラッグします❷。

5　配列 Monster Images の横の［▶］ボタンをクリックすると❶、配列にすべてのモンスターの画像が入っていることがわかります。

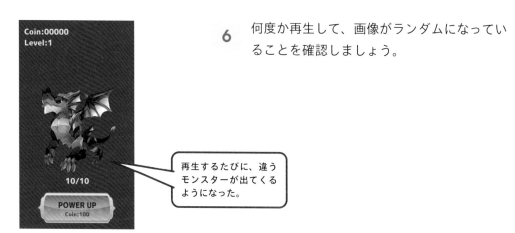

6　何度か再生して、画像がランダムになっていることを確認しましょう。

再生するたびに、違うモンスターが出てくるようになった。

4 ▸ モンスターを倒せるようにしよう

3.3.4
操作 Movie ▷

モンスターをクリックしていくと、HPがマイナスになってしまいます。モンスターのHPが0になったら、他のモンスターが出現するようにしましょう。130ページで作ったモンスターのHPを決めたり、画像を決める関数を使って、新しいモンスターに変更してみましょう。

3章
クリックゲームを作ろう

1 VisualStudioを開き、「Monster」スクリプトの中の「OnClickMonster()」関数の中に、プログラムを追加します。

```
44      public void OnClickMonster()
45      {
46          //ダメージを与えます
47          hp -= 1;
48          hpLabel.text = hp + " / " + maxHp;
49
50          // もし死んでいたなら
51          if (hp <= 0)
52          {
53              // 次のモンスターを出します
54              Setup();
55          }
56
57      }
```

> 作った関数は、何回でも呼び出せます。

2 スクリプトを保存したらUnityの画面に戻り、モンスターを倒してみましょう。HPが0になると、新しいモンスターが出てくるようになりました。

ゲームバランスを考えよう

今回のようなクリックゲームやRPGなど、「レベル」があるゲームは、自分や敵がどんどん強くなっていきます。「レベルデザイナー」という仕事があるくらい、ゲームバランスはゲームを面白くするための重要な要素です。このゲームでは「モンスターのHP」をメインにゲームバランスを考えてみましょう。

■コインやレベルを表示する

まずはゲームの難しさをを調整するためのパラメーターとなる変数を準備します。前の節でやったことを思い出して、UIに表示してみましょう。

■モンスターが強くなるようにする

モンスターを倒した数に応じて、HPが変わるようにしてみましょう。最大レベル・最大HPから現在のレベルを元にパラメーターを計算する方法を紹介します。レベルアップするごとにどれくらいパワーアップするのかを、グラフを見ながら調整してみましょう。

倒したモンスターのレベルに応じて、コインもゲットできるようにします。

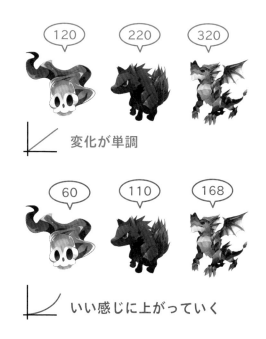

■パワーアップボタンを作る

ゲットしたコインを使って、自分のレベルを上げられるようにしましょう。レベルアップに必要なコインの数を計算して表示したり、コインが足りない時はボタンを押せないようにしたりしましょう。

モンスターを倒したら、コインをゲットしたり、コインを使ってレベルアップしたりできるように、変数に保存しておきましょう。所持コインやレベルはプレイヤーのものなので、わかりやすいようにスクリプトを分けて作ります。

1　ヒエラルキーを右クリックし、表示されたメニューから［空のオブジェクトを作成］をクリックします❶。

作成したオブジェクトは「Player」という名前にしましょう。

2　ヒエラルキーの「Player」をクリックします❶。しかし、132ページでインスペクターをロックしているので、Playerのインスペクターが開きません。

🔒をクリックして、ロックを解除します❷。

3　プレイヤーのスクリプトを作りましょう。

［コンポーネントを追加］をクリックして「Player」と入力し❶。［新しいスクリプト］をクリックします❷。

4 ［作成して追加］をクリックします**❶**。

5 「Player」オブジェクトにスクリプトが追加されました。

「Player」スクリプトをダブルクリックして**❶**、Visual Studioの画面を開きます。

6 Visual Studioの画面で、「Player」スクリプトにコインやレベルを保存しておくための変数を作ります。UIに表示させたいので、UnityEngine.UIも忘れずに追加します。

```
1    using System.Collections;
2    using System.Collections.Generic;
3    using UnityEngine;
4    using UnityEngine.UI;
5
6    public class Player : MonoBehaviour
7    {
8
9        // コインテキスト
10       public Text coinLabel;
11
12       // レベルテキスト
13       public Text levelLabel;
14
15       // 現在の所持コイン
16       public int coin;
```

続く→

```
17
18          // 現在のレベル
19          public int level;
20
21          // 敵を倒した数
22          public int kill;
23
24          public void UpdateUI()
25          {
26              // コインのテキスト
27              coinLabel.text = "Coin: " + coin;
28
29              // 現在のレベル
30              levelLabel.text = "Level: " + level;
31          }
32
33          // Start is called before the first frame update
34          void Start()
35          {
36              UpdateUI();
37          }
38      }
```

> UIに表示するための関数を作ります。コインやレベルを表示させます。

> ゲーム開始時に、UIを表示する関数を使います。

7 スクリプトを保存してUnityの画面に戻ります。「Player」スクリプトを見ると、publicで作った変数が表示されています。

Coin Labelにコインを表示するオブジェクト（CoinLabel）を❶、Level Labelにレベルを表示するオブジェクト（LevelLabel）を❷、それぞれドラッグしてアタッチします。

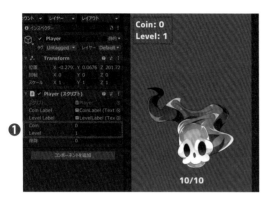

8 最初のレベルは1なので、Levelには1と入力します。Coinには0を入力します❶。

再生してみると、変数の内容がUIに反映されていることがわかります。コインやレベルの値を変更すると、UIに表示される値も変わります。

> **Memo** 値が変更されることを確認できたら、「Coin」を0に、「Level」を1に戻しておきましょう。

Hint

publicとprivateの使い分け

MonsterスクリプトやPlayerスクリプト内には、プログラム内で初期化しているprivate変数の「hp」と、インスペクター上で値を設定できるpublic変数の「coin」「level」「kill」があります。

レベル調整をするためには、何度もゲームを遊ぶ必要がありますが、毎回レベル1からクリックしていって……という方法だと、後半のテストプレイがとても大変ですね。そこで、途中のレベルからでもテストしやすいように、これらの変数をpublicにしてレベルや所持コインを自由に変更できるようにしています。一方の変数「hp」は、プログラムで計算して決めることになるため、外部から変更できないようprivateにしています。

また、public変数を使うと、他のスクリプトからも操作できるというメリットがあります。作りやすさや、スクリプト同士のデータのやりとりを考えながら、privateとpublicを使い分けましょう。

public変数は、インスペクターから値を変更できる

2 ▶ モンスターが強くなるようにしよう

3.4.2
操作 Movie

プレイヤーにいろいろなパラメータを持たせることができました。これらの情報を使って、モンスターがだんだん強くなっていくようにしましょう。ここでは、モンスターを強くするために必要な変数や関数を作ります。

■追加する変数
最小HP・最大HP・最大レベルを決める変数
計算に使う指数やコインの獲得倍率を決める変数

■追加する関数
追加した変数の値をもとに、モンスターのHPを計算する関数

プレイヤーのスクリプトで作ったpublic変数は、モンスターのスクリプトからも参照したり変更することができます。Player型の変数を用意し、「player.変数名」のように書くことで、普通の変数と同じように使うことができます。

1 　Visual Studioの画面を開き、「Monster」スクリプトを変更します。

```
6    public class Monster : MonoBehaviour
7    {
8        // プレイヤーの情報
9        public Player player;
10
11       // 最低レベルのHP
12       private int levelMinHp = 20;
13
14       // 最大レベルのHP
15       private int levelMaxHp = 10000;
16
17       // 最大レベル
18       private int maxLevel = 100;
19
```

Playerスクリプトを使いたい時は、Player型の変数を用意します。

モンスターがレベルアップするために、最小、最大HPを決めます。

モンスターの成長曲線の元になる指数を決めます。

続く→

```
20    // 指数
21    private float degree = 1.2f;
22
23    // コインの獲得倍率
24    private float coinMultiplier = 0.5f;
25
26    // HPテキスト
27    public Text hpLabel;
28
29    // HP
30    private int hp;
31
32    // 最大HP
33    private int maxHp;
34
35    // 画像を切り替えるコンポーネント
36    public Image monsterImage;
37
38    // モンスターのリスト
39    public Sprite[] monsterImages;
40
41    // モンスターのHPを計算する
42    private int CalcHp()
43    {
44        // モンスターを倒した数に応じて何割のHPにするかを決めます
45        float tmp = Mathf.Pow( (float)player.kill / maxLevel, degree);
46
47        // 式に合わせてHPを決定します
48        int hp = (int)((levelMaxHp - levelMinHp) * tmp + levelMinHp + 0.5f);
49
50        return hp;
51    }
52
53    // モンスターの初期化
54    private void Setup()
55    {
56        maxHp = CalcHp();
57        hp = maxHp;
58        hpLabel.text = hp + "/" + maxHp;
59
```

> モンスターを倒した数から、次のモンスターのHPを計算します。

> モンスターのHPに、計算したHPを代入します。

続く→

```
60          // どの画像を使うかを乱数で決定します
61          int imageIndex = Random.Range(0, monsterImages.Length);
62
63          // 画像を変更します
64          monsterImage.sprite = monsterImages[imageIndex];
65      }
66
67      // Start is called before the first frame update
68      void Start()
69      {
70          Setup();
71      }
72
73      public void OnClickMonster()
74      {
75          //ダメージを与えます
76          hp -= 1;
77          hpLabel.text = hp + " / " + maxHp;
78
79          // もし死んでいたなら
80          if (hp <= 0)
81          {
82              // プレイヤーの倒した数を増やします
83              player.kill++;
84              // 次のモンスターを出します
85              Setup();
86          }
87      }
88  }
```

> player.変数名とすることで、他のスクリプトの変数を変更できます。変数名に++を付けると、変数の値を1増やすことができます。

42行目でモンスターのHPを計算する関数CalcHpを作成しています。計算の式で何をしているかは、続く142ページの解説を参考にしてください。

```
private int 関数名(){
return ○○;
}
```

上記のように、関数名の前にintなどの型を書いておき、関数の中でreturnと記述することで、「戻り値を持った関数」を作ることができます（void型の場合は戻り値なしという意味）。

戻り値がある関数は56行目の、

```
maxHp = CalcHp();
```

のように、関数で処理した結果の戻り値をそのまま使うことができます。56行目はmaxHp変数に、CalcHp()で計算したHPの値を代入する という意味になります。

だんだん敵が強くなっていくようにしたい時は、最大HPに、倒した数（キル数）に応じたパーセンテージをかけるのがシンプルな方法です。

---

❶　　　　　　　　❷　　　　　❸　　❹

(最大HP－最小HP) × (キル数÷MAXレベル) ＋最小HP＋0.5

❶最小HPから最大HPまでがいくつかを求めます。
❷キル数をMAXレベルで割ると、現在のキル数に対する割合がわかります。
❸HPは0からスタートしないので、最小HPを足します。
❹端数が出ないように繰り上げます

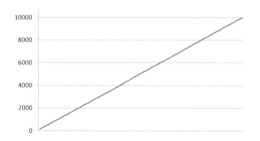

この方法は、最小HPから最大HPまでを100等分しただけなので、左のようなグラフになります。序盤に強くなりすぎてしまいますし、HPの上がり方が単調になってしまいます。序盤は緩やかに上がるようにしたいですね。

キル数に応じた割合を変化させてみましょう。直線グラフをn乗すると、グラフをカーブさせることができます。

```
float tmp = Mathf.Pow( (float)player.kill / maxLevel , degree );
```

> **Memo** Mathf.Powは、引数のn乗の値を返してくれる関数です。
> Mathf.Pow（基数 , 指数）
> 2の5乗を求めたいなら Mathf.Pow(2.0f , 5.0f) と書きます。

Hint

変数や式の前に (float) や (int) と書くと、その型に変換することができます。これをキャストと言います。Mathf.Powの引数はfloat型なので (float) に、hp変数はint型なので (int) にキャストする必要があります。なお、intは小数点を扱えない型なので、1.5をintに変換すると、小数点以下を切り捨てた「1」になります。

これをHPの計算式に当てはめます。

（最大HP－最小HP）×tmp＋最小HP＋0.5

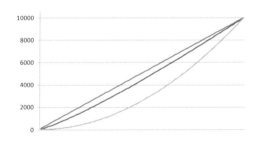

一直線だったグラフが、弓なりになりました。はじめのほうのHPの上がり方は穏やかに、レベルが上がるにつれて急な上がり方になることがわかりますね。

	指数なし	指数1.2	指数2
0	20	20	20
1	120	60	21
2	220	111	24
3	320	168	29
4	420	230	36
5	520	294	45
6	619	361	56
7	719	430	69
8	819	502	84
9	919	575	101
10	1019	650	120

指数（n乗）が大きいほど、カーブがきつくなります。遊びながら指数を調整してみるといいでしょう。今回は指数を1.2にしています。

逆に、序盤に強くしたい時は、指数を0.5など1より小さい数にすると良いでしょう。

3章 クリックゲームを作ろう

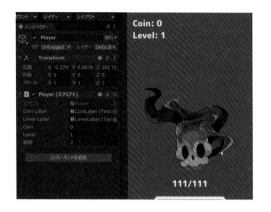

2 「Monster」スクリプトを保存して、Unity
の画面に戻り実行してみましょう。インスペ
クターの「Player」変数が「なし」になっ
ているので、ヒエラルキーの「Player」を
ドラッグしてアタッチします。

実行すると、モンスターを倒すごとに、モ
ンスターのHPが上がっていくのがわかりま
す。

3 ▶ モンスターを倒したらコインを増やそう

モンスターを倒したら、モンスターの強さに応じて、コインを増やせるようにしてみましょう。
コインを増やすために、Playerのスクリプトを変更します。

1 Visual Studioの画面を開き、「Player」スクリプトにプログラムを追加しましょう。

```
24    public void UpdateUI()
25    {
26        // コインのテキスト
27        coinLabel.text = "Coin: " + coin;
28
29        // 現在のレベル
30        levelLabel.text = "Level: " + level;
31    }
32    public void AddCoin(int amount)
33    {
34        coin += amount;
35        UpdateUI();
36    }
```

コインを追加するためのAddCoin関数を用意します。コインを追加したら、UIのコインの表示
も増えるようにUpdateUI()関数を呼び出します。

```
public void 関数名( 型名 引数名 ){
}
```

上のようにすると、引数付きの関数を作ることができます。コインの枚数はいくつになるかわからないので、何枚になっても対応可能なように引数で受け取り、コインに加算する処理を行います。

また、privateではなくpublicで関数を作っておくと、変数と同じように他のスクリプトからもこの関数を使うことができるようになります。

2 「Player」スクリプトを保存したら、Visual Studioの画面で「Monster」スクリプトを開き、以下のようにプログラムを追加します。

```
73          public void OnClickMonster()
74          {
75              //ダメージを与えます
76              hp -= 1;
77              hpLabel.text = hp + " / " + maxHp;
78
79              // もし死んでいたらなら
80              if (hp <= 0)
81              {
82                  // HPからコインの数を計算
83                  int amount = (int)(CalcHp() * coinMultiplier);
84                  // コインを追加
85                  player.AddCoin(amount);
86                  // プレイヤーの倒した数を増やします
83                  player.kill++;
87                  // 次のモンスターを出します
89                  Setup();
90              }
91          }
```

コインの枚数を計算しましょう。倒したモンスターのHPと、あらかじめ決めておいたコインの獲得倍率に応じて、もらえるコインの枚数を決めています。コインの獲得倍率は実際に遊びながら調節しましょう。ここでは0.5（モンスターのHPの半分のコインをもらえる）としています。

コインの枚数が決まったら、プレイヤーのスクリプトにあるAddCoin関数を使い、コインを加算します。変数と同じように、「Player.関数名」で関数を使うことができます。

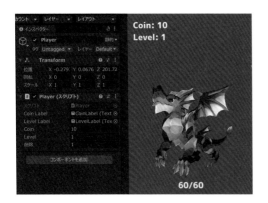

3 「Monster」スクリプトを保存し、Unityの画面に戻って実行してみましょう。

モンスターを倒すたびにコインが加算され、UIが更新されるようになりました。

---

4 ▶ パワーアップボタンで攻撃力を上げよう 3.4.4 操作 Movie

モンスターが強くなってHPが増えると、倒すのがだんだん難しくなってきます。パワーアップ（POWER UP）ボタンを押すとレベルアップし、攻撃力が上がるようにしましょう。

1 Visual Studioの画面を開き、「Player」スクリプトにプログラムを追加します。

```
 6    public class Player : MonoBehaviour
 7    {
 8
 9        // コインテキスト
10        public Text coinLabel;
11
12        // レベルテキスト
13        public Text levelLabel;
14
15        // 現在の所持コイン
16        public int coin;
17
```

続く→

```
18        // 現在のレベル
19        public int level;
20
21        // 敵を倒した数
22        public int kill;
23
24        // パワーアップボタン
25        public Button powerUpBtn;
26
27        // パワーアップに必要なコインの数
28        public Text powerUpCoinText;
29
30        public void UpdateUI()
31        {
(略)
37        }
38        public void AddCoin(int amount)
39        {
(略)
42        }
43        public void OnPowerUp()
44        {
45            level++;
46        }
```

> パワーアップボタンと、その中のテキストを操作するための変数を用意します。

> ボタンが押された時に呼ばれる関数を作り、レベルを1ずつ増やします。

2 「Player」スクリプト保存したら、次に「Monster」スクリプトを開き、ダメージを与える部分を変更します。今回は、レベルがそのままダメージ量になるようにしました。

```
73        public void OnClickMonster()
74        {
75            //ダメージを与えます
76            hp -= player.level;
77            hpLabel.text = hp + " / " + maxHp;
78
```

3 スクリプトを保存してUnityの画面に戻り、「Playerスクリプト」の変数「Power Up Btn」に「PowerUp」オブジェクトを、変数「PowerUpCoinText」に「PowerUp」オブジェクトの「RequireCoin」オブジェクトをドラッグしてアタッチします❶。

4 POWER UPボタンを押した時に、「Player」スクリプトの関数を呼び出せるようにします。

「PowerUp」オブジェクトのButtonコンポーネントを開き❶、「クリック時（）」の［+］ボタンをクリックし❷、リストを追加します。

5 追加されたリストに「Player」オブジェクトをドラッグしてアタッチします❶。「No Function」をクリックし、［Player］→［OnPowerUp（）］関数を選択します❷。

これで、ボタンがクリックされた時に、プレイヤーのレベルを上げるOnPowerUp関数が呼ばれるようになりました。

Memo Playerオブジェクトをアタッチすることにより、Playerスクリプトの中に作成したOnPowerUp関数を選択できるようになります。

Coin: 0
Level: 1

15 / 20

POWER UP
Coin:100

6　再生してPOWER UPボタンを押してみると、レベルが増えている事がわかります。

モンスターをクリックすると、レベルに応じてモンスターのHPが減るようになりました。

Memo この段階では、まだレベルアップ時にゲーム画面のレベル表示は変わりません。レベルが増えたかどうかは、インスペクターのLevel変数の欄で確認してください。

5 ▶ コインを消費してパワーアップしよう

3.4.5
操作 Movie

今のままでは何度もPOWER UPボタンを押せてしまいます。手持ちのコインが足りている時だけボタンを押せるように変更しましょう。

1　Visual Studioの画面を開き、「Player」スクリプトにプログラムを追加します。

```
6     public class Player : MonoBehaviour
7     {
(略)
30        //パワーアップに必要なコインを計算
31        public int PowerUpCoin()
32        {
33            return (level - 1) * 20 + 100;
34        }
35
36        public void UpdateUI()
37        {
38            // コインのテキスト
39            coinLabel.text = "Coin: " + coin;
```

パワーアップに使うコインを計算する関数を作ります。

続く→

```
40
41              // 現在のレベル
42              levelLabel.text = "Level: " + level;
43
44              // パワーアップボタン
45              int require = PowerUpCoin();
46              if (coin < require)
47              {
48                  powerUpBtn.interactable = false;
49              }
50              else
51              {
52                  powerUpBtn.interactable = true;
53              }
54
55              // パワーアップに必要なコインのテキスト
56              powerUpCoinText.text = "Coin: " + require;
57          }
```

> UIアップデート時に、PowerUpCoin関数を呼び出します。

> 手持ちのコインが足りない時は、ボタンを押せなくします。

> 必要なコインの数をボタンのテキストに表示します。

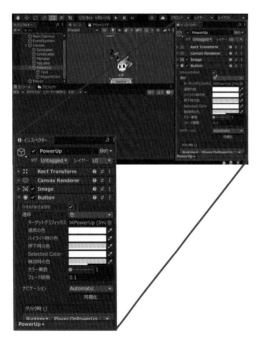

48行目と52行目で登場する「interactable」は、ボタンの有効／無効を切り替えるためのパラメーターです。パワーアップに必要なコインを持っていない時は、「interactable」をfalseにすることでボタンが押せなくなります。持っている時はtrueにしてボタンを有効にします。

なお、インスペクターからもボタンの有効／無効を切り替えることができます。

2 同じ「Player」スクリプトの中で、POWER UPボタンが押された時の関数を変更しましょう。

```
63      public void OnPowerUp()
64      {
65          int require = PowerUpCoin();
66          if (coin >= require)
67          {
68              level++;
69              AddCoin(-require);
70          }
71      }
```

ボタンが押された時に、コインが足りていればレベルを上げます。そして、レベルアップに必要なコインの枚数だけを、AddCoin関数を使って減らしましょう。

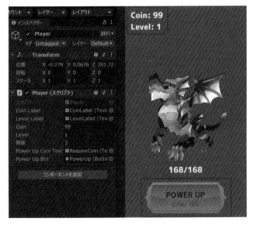

3 スクリプトを保存したらUnityの画面に戻り、再生してみましょう。

コインが足りない時はボタンの色が変わり、押しても反応しないようになりました。

所持コインが必要な枚数たまると、ボタンが押せるようになります。ボタンを押すとレベルが上がり、所持コインが減って再びボタンが押せなくなりました。

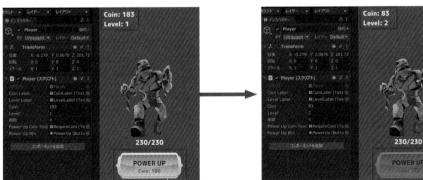

3.5

エフェクトを追加しよう

キャラクターが動かないタイプのゲームでは、効果音やエフェクトなどの演出がとても大切です。ここまでゲームを何度も再生して試してきましたが、画面に何の変化もないと、つまらないと感じた方も多いのではないでしょうか。

モンスターを攻撃した時、コインをゲット時、パワーアップした時などにエフェクトや効果音を付けることで、遊んでいる人に「何が起こったのか」がわかりやすくなるようにしましょう。

■効果音を鳴らす

ボタンが押されたら効果音が鳴るようにしましょう。スクリプトを書かなくても、コンポーネントを追加するだけで手軽に効果音を鳴らせます。音を扱うためのコンポーネント、「オーディオリスナー」と「オーディオソース」の違いをしっかり理解して、使いこなせるようになりましょう。

■オリジナルのエフェクトを作る

パーティクルシステムを使うと、自由にエフェクトを作ることができます。設定項目が多いですが、そのぶん細かな設定ができるので、思い通りのエフェクトに仕上げられます。基本の使い方をマスターすれば、いろいろな人のエフェクトをお手本にして改造することもできるようになります。まずは本書で1つ、一緒に作っていきましょう。

■プログラムからエフェクトや効果音を再生する

パーティクルシステムも、他のオブジェクトと同様にプレハブにすることができます。好きなタイミングで音やエフェクトを出せるようにプログラミングしていきましょう。

1 ▶ 効果音を鳴らそう

3.5.1
操作 Movie

モンスターをクリックした時に、攻撃がヒットした効果音を鳴らしてみましょう。とくにスマホゲームでは、マウスやキーボードのように押した時の感覚がありません。効果音を使うことで、ボタンを押したり攻撃したりした時のイメージに近づけることが大切です。

1 音を鳴らす機能を持つコンポーネントを追加しましょう。

ヒエラルキーの「Player」をクリックします❶。インスペクターの［コンポーネントを追加］のボタンをクリックして検索欄に「au」と入力し❷、リストの中から［オーディオソース］をクリックして追加します❸。

2 プレイヤーに Audio Source（オーディオソース）コンポーネントが追加されました。

音を再生するには、音を鳴らす「オーディオソース」と、音を聞くための「オーディオリスナー」の2つが必要です。ヒエラルキーに最初からある「MainCamera」には、あらかじめ「オーディオリスナー」が付いています。そして、「オーディオリスナーがゲーム内で聞いた音」が、実際のスピーカーから再生されます。

オーディオソースは、音の高さや大きさなどを調整できるほか、オーディオソースと、オーディオリスナーのゲーム内での位置関係によって、音が大きく聞こえたり小さく聞こえたりする「立体音響」の設定をすることもできます。

モンスターをクリックした時に、攻撃がヒットした音が鳴るようにしましょう。

3 ヒエラルキーの「Monster」をクリックし❶、インスペクターの「Button」を開きます❷。

「クリック時()」の［＋］ボタンをクリックし❸、項目を増やします。

4 2つ目のリストに、ヒエラルキーの「Player」をドラッグしてアタッチします❶。

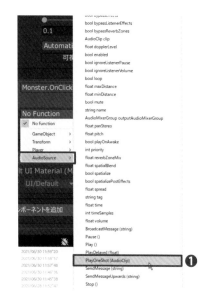

5 2つ目のリストの［No Function］をクリックして、［AudioSource］ → ［PlayOneShot (AudioClip)］を選択します❶。

これで、プレイヤーに付けられたオーディオソースコンポーネントのPlayOneShot関数が使えるようになりました。

Memo PlayOneShot関数は、一度だけ再生するための機能を持っています。

6 PlayOneShot関数に、「どの音を鳴らすか」を引数で指定します。

プロジェクトから「Assets」の「Sound」フォルダーをクリックし❶、「hit1」をドラッグしてアタッチします❷。

ゲームを再生し、モンスターをクリックすると音が鳴ることを確認しましょう。

7 POWER UPボタンにも効果音を追加します。

ヒエラルキーの「PowerUp」をクリックして選択した状態で、手順❸〜❹と同様にしてボタンをクリックした時のイベントを増やし、ヒエラルキーの「Player」をドラッグしてアタッチします❶。

8 手順❺と同様にして、[AudioSource] → [PlayOneShot（AudioClip）] を選びます。

今回はパワーアップの音を追加したいので、手順❻を参考に「Sound」フォルダー内の「powerup」の音をドラッグしてアタッチします❶。

ゲームを再生すると、コインが足りない時には音は鳴らず、パワーアップした時だけ音が鳴るようになりました。次のページからは、敵を倒した時の視覚的なエフェクトを作成して、ゲーム画面をもっと派手にしていきましょう。

2 ▶ オリジナルのエフェクトを作ろう

3.5.2
操作 Movie

音が鳴るようになったら、次はエフェクトを追加しましょう。まずはモンスターを倒した時に、コインが飛び出てくるようなエフェクトを作ります。

Unityには、エフェクトを作るための「パーティクルシステム」があらかじめ用意されています。パーティクルシステムを使うと、色や形、時間や出現方法などを自由に設定し、エフェクトを作ることができます。

1 ヒエラルキーを右クリックし、［エフェクト］→［パーティクルシステム］をクリックします❶。

これで、パーティクルシステムコンポーネントが付いたオブジェクトが追加されます。

2 オブジェクトの名前を「Coin」に変更します❶。

オブジェクトを追加すると、シーンの上に光の玉が出現するようになりました。これは、デフォルトで設定されているパーティクルです。

パーティクル

パーティクルは「粒子」という意味で、小さなスプライトをたくさん飛ばして作るエフェクトのことを言います。

Transform				
位置	X 0	Y 0	Z 0	
回転	X -90	Y 0	Z 0	
スケール	X 1	Y 1	Z 1	

❶

3 はじめは、シーンのどこに表示されているかわからないので、インスペクターからTransformを選択し、位置を「X：0」「Y：0」「Z：0」にしておきます❶。

4 パーティクルシステムを持つオブジェクトを選択すると、下のような画面になります。

シーンビュー
シーンビューには、パーティクルがどのように再生されるかが表示されます。

パーティクルエフェクトメニュー
シーンビューで再生するパーティクルの再生や停止、再生速度などの設定をするところです。

パーティクルシステム（Particle System）
このコンポーネントの設定を変えることで、パーティクルを変化させることができます。

Particle Systemコンポーネントではじめに表示されている部分が、パーティクルの「時間」「大きさ」「速さ」などを決めるための基本的な設定です。

5 設定を次のように変更しましょう。

「継続時間：0.20」
「ループ：オフ（チェックを外す）」
「開始時の速度：10」
「開始時のサイズ：0.5」
「重力モディファイア：3」

> **Memo** 継続時間はパーティクルを放出する時間です。ループをオフにすると、パーティクルは1回だけ放出されます。重力を設定すると、パーティクルが下に落ちるようになります。

Hint

設定がたくさんあるので、はじめは戸惑いますが、各項目にマウスカーソルを移動すると説明が表示されます。わからない時はチェックしましょう。

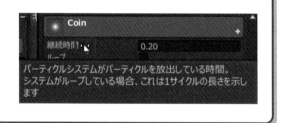

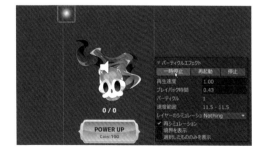

6 シーンビューの［停止］ボタンでパーティクルエフェクトをいったん停止し、［再生］ボタンを押してみましょう。

継続時間が0.2秒なので、パーティクルは1つしか飛び出てきません。

7　一度にたくさんの量を出したい時は、「放出」の設定を変更します。

Particle System コンポーネントの「放出」カテゴリをクリックすると、放出に関する設定が表示されます。「時間ごとの率」を「100」に設定します❶。

8　シーンビューでパーティクルエフェクトの[再生]ボタンをクリックすると、今度はたくさんのパーティクルが飛び出てくるようになりました。

ただ、横に広がりすぎるので、もう少し狭い範囲で飛び出すようにします。

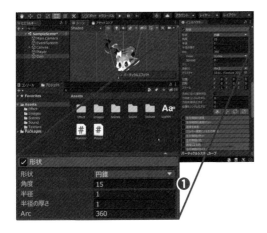

9　パーティクルシステムの「形状」カテゴリをクリックして、「角度」を「15」にします❶。

Memo　「形状」から円やドーナツ型など、いろいろな形を選ぶこともできます。

このままだとコインっぽくないので、コインがくるくる回る絵に変更しましょう。

10 絵を表示させたい時は、Particle Systemコンポーネントの「レンダラー」カテゴリを開きます。

Assetsの「Effect」フォルダーをクリックし❶、「Coin」をドラッグして「マテリアル」にアタッチします❷。

Hint

マテリアルとは、テクスチャ（絵）や質感を持った素材のことです。反射や透過、発光、凸凹、アニメ調などさまざまな質感を設定できます。
手順**10**では、あらかじめ用意されたマテリアルを使いました。自分でマテリアルを作りたい時は、プロジェクトを右クリックし、[作成] → [マテリアル] を選択します。

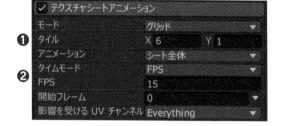

11 アニメーションさせたい時は、Particle Systemコンポーネントの「テクスチャシートアニメーション」カテゴリを開きます。

「タイル」を「X：6」「Y：1」に設定し❶、スプライトの分割数を決めます。「タイムモード」を「FPS」に、「FPS」を「15」に設定します❷。

Memo カテゴリが有効になっていない場合は、カテゴリ名の前をクリックしてチェックを入れます。

12 再生してみると、コインが回転しながら飛び出るようになりました。

このように、パーティクルシステムを使うといろいろなエフェクトを自分で作ることができます。

3 ▶ 好きなタイミングでエフェクトや音声を再生しよう

3.5.3
操作 Movie

第2章では、障害物や爆発のアニメーションを「プレハブ化」して、好きなタイミングで作成することができました。パーティクルシステムで作ったエフェクトも同じようにプレハブ化することができますので、実際に試してみましょう。

1 ヒエラルキーの「Coin」を、プロジェクトの「Assets」→「Effect」フォルダーにドラッグします❶。

箱のアイコンが水色になり、プレハブになりました。ヒエラルキーにあるCoinプレハブは、必要ないので、選択してDeleteキーを押し削除しましょう。

2 Visual Studioの画面を開き、「Monster」スクリプトを編集します。ここでは、攻撃・コインのエフェクトを使うための変数と、コインの音・オーディオソースを使うための変数を追加しましょう。

```
 6    public class Monster : MonoBehaviour
 7    {
(略)
41        // 攻撃エフェクト
42        public GameObject hitEffect;
43
44        // コインエフェクト
45        public GameObject coinEffect;
46
47        //コインの効果音
48        public AudioClip coinSE;
49
50        //オーディオソース
51        public AudioSource audioSource;
```

3 引き続き「Moster」スクリプトを編集します。モンスターがクリックされた時にエフェクトを表示しましょう。

```
85        public void OnClickMonster()
86        {
87            //ダメージを与えます
88            hp -= player.level;
89            hpLabel.text = hp + " / " + maxHp;
90
91            // 攻撃のエフェクトを出します
92            GameObject hit = Instantiate(hitEffect, transform.position,
              Quaternion.identity);        実際は1行
93            Destroy(hit, 0.5f);
94
95            // もし死んでいたらなら
96            if (hp <= 0)
97            {
98                //コインの音を鳴らします
99                audioSource.PlayOneShot(coinSE);
```

続く→

```
100                // コインのエフェクトを出します
101                GameObject coin = Instantiate(coinEffect, transform.position,
                   Quaternion.identity);    実際は 1 行
102                Destroy(coin, 3f);
103
104                // HPからコインの数を計算
105                int amount = (int)(CalcHp() * coinMultiplier);
106                // コインを追加
107                player.AddCoin(amount);
108                // プレイヤーの倒した数を増やします
109                player.kill++;
110                // 次のモンスターを出します
111                Setup();
112            }
113        }
```

プレハブをInstantiateする方法は、2章と同じです。

```
GameObject オブジェクト変数 = Instantiate(再生したいエフェクト, 出現場所, 回転);
Destroy(オブジェクト変数, ○秒後に削除);
```

モンスターを倒した時はコインのエフェクトをInstantiateします。オブジェクト変数に生成したエフェクトを入れ、Destroyを使って3秒後にオブジェクトを削除します（101 ～ 102行目）。

オーディオソースを使う時は、PlayOneShot関数の引数に鳴らしたい音を渡します（99行目）。

```
audioSource.PlayOneShot(coinSE);
```

Hint

自動的にエフェクトを消す

パーティクルシステムの設定には［アクションを停止］という項目があります。アクション停止時に「破棄」を設定することで、パーティクルの再生が終わったら自動的に削除することができます。

4　スクリプトを保存して、Unityの画面に戻ります。ヒエラルキーの「Monster」オブジェクトをクリックし❶、インスペクターで「Monster」スクリプトを開きます❷。

5　プロジェクトの「Assets」→「Effect」フォルダーから、「Hit」プレハブを「Hit Effect」に❶、「Coin」プレハブを「Coin Effect」にドラッグしてアタッチします❷。

6　プロジェクトの「Assets」→「Sound」フォルダーから、効果音「coin」を「Coin SE」にドラッグしてアタッチします❶。

ヒエラルキーの「Player」をドラッグして❷、「オーディオソース」にアタッチします。

Memo　自動で、Playerオブジェクトに付いているオーディオソースコンポーネントがアタッチされます。

157 / 168

7 再生して、モンスターをクリックしてみましょう。クリックするたびに攻撃エフェクトが表示されました。

敵を倒すとコインが表示されます。しかし、コインがモンスターの後ろに表示されてしまいました。表示する順番を変える必要があります。

8 プレハブにした後でも、設定を変更することができます。プロジェクトの「Assets」→「Effect」フォルダーを選択し❶、「Coin」プレハブをクリックします❷。

9 Particle System コンポーネントの「レンダラー」カテゴリの中に、「レイヤーの順序」という設定があります。

第2章の97〜98ページと同じように、「Sorting Layer ID」や「レイヤーの順序」を変更して、表示順を変えることができます。今回は「レイヤーの順序」を「10」にしました❶。

10 もう一度再生して、モンスターを倒してみましょう。モンスターの手前にコインが表示されるようになりました。

Hint

いろいろなエフェクトを試してみよう

UnityAssetStore には、無料で公開されているエフェクトがたくさんあります。すぐに使えるように、プレハブになっているものが多いので、163ページでやったようにInstantiateで生成して使うことができます。

パーティクルシステムの値を見ることもできるので、気に入ったエフェクトがどんな設定で作られているのかを見て研究するのもいいですね。

UNITY TECHNOLOGIES
Unity Particle Pack
★★★★☆ (275) ♥ (111229)
FREE

UNITY TECHNOLOGIES
Unity Particle Pack 5.x
★★★★★ (655) ♥ (16845)
FREE

MOONFLOWER CARNIVORE
Particle Ribbon
★★★★★ (231) ♥ (3706)
FREE

SYNTY STUDIOS
Simple FX - Cartoon Parti...
★★★★★ (167) ♥ (2370)
FREE

MOONFLOWER CARNIVORE
Particle Attractor
★★★★★ (60) ♥ (1410)
FREE

GXPH
48 Particle Effect Pack
★★★★☆ (70) ♥ (1165)
FREE

SHERBB
Sherbb's Particle Collection
★★★★★ (4) ♥ (203)
FREE

MHLAB
PowerUp particles
★★★★★ (65) ♥ (1137)
FREE

3.6

セーブ機能を作ろう

ゲームを再生するたびに、ステータスがリセットされてしまうと困りますね。データを保存しておける機能を作りましょう。最近のゲームでは、プレイヤーが「セーブ」ボタンを押さなくても、データが自動的に保存されるものが多いです。

1 ▶ 変数のデータをセーブしよう

3.6.1
操作 Movie

UnityEngine に用意されている「PlayerPrefs クラス」を使って、ゲームデータのセーブ・ロードができます。

1 Visual Studio の画面を開き、「Player」スクリプトにセーブするための関数を作ります。

```
58    public void AddCoin(int amount)
59    {
60        coin += amount;
61        UpdateUI();
62        SaveData();
63    }
64    public void SaveData()
65    {
66        PlayerPrefs.SetInt("coin", coin);
67        PlayerPrefs.SetInt("level", level);
68        PlayerPrefs.SetInt("kill", kill);
69    }
```

モンスターを倒してコインをゲットする時に、SaveData 関数を呼び出し、自動でセーブされるようにしています。データをセーブするには、Set○○関数を使います。

```
PlayerPrefs.SetInt ("データの名前" , 値)
```

このように、データの名前と値を引数として渡します。データを上書きすると、前のデータは消えてしまいます。保存できる値は、Int型、Float型、String型の3つです。Float型を保存したい時は「SetFloat」関数、String型を保存したい時は「SetString」関数を使います。

2 ゲームが始まった時に、セーブしておいたデータを読み込みましょう。引き続き、「Player」スクリプトを編集します。

```
71      private void Awake()
72      {
73          coin = PlayerPrefs.GetInt( "coin", coin );
74          level = PlayerPrefs.GetInt( "level", level );
75          kill = PlayerPrefs.GetInt( "kill", kill );
76      }
```

Get〇〇関数を使うと、保存しておいたデータを読み取ることができます。

```
PlayerPrefs.GetInt("データの名前" , デフォルト値)
```

最初にゲームを始める時には、まだセーブされていないためデータがない状態です。その場合は、デフォルト値が入ります。デフォルト値は省略することもでき、省略した場合はGetIntなら「0」、GetFloatなら「0f」、GetStringなら「null」が入ります。

3 スクリプトを保存してUnityの画面に戻り、ゲームを再生してみましょう。

レベルアップした時、敵を倒した時など、コインの枚数が変わった時にゲームを終了し、もう一度再生してみると、続きから遊べるようになっています。

このゲームではリセットボタンを使いませんが、セーブしたデータを削除したい時は「DeleteKey」関数や「DeleteAll」関数を使います。データを消したいタイミングで、Delete関数を使うと削除できますが、すべてのデータを消してしまうので注意しましょう。

たとえば、次のように「Player」スクリプトに記述します。

```
95        public void OnReset()
96        {
97            PlayerPrefs.DeleteAll();
98        }
```

上のような処理を追加した上で、UIにリセットボタンを作成し、ボタンを押した時にOnReset関数を呼び出すようにしておけば、ボタンが押した時だけリセットできます。

一方、DeleteKey関数を使うと、指定したデータだけを削除することができます。

```
PlayerPrefs.DeleteKey("データの名前")
```

セーブデータはどこに保存されている？
使っている端末によってデータの保存場所は異なりますが、Windowsの場合はレジストリ内に、MacやiOSの場合はLibraryのPreferencesの中に保存されています。

■背景を追加する

プロジェクトの「Assets」→「Images」の中に背景が用意されています。2章の97ページと同じ方法で、シーンにドラッグして背景を追加してみましょう。

背景が手前に表示されてしまう時は、SpriteRendererの「レイヤーの順序」を小さくすると後ろに表示させることができます。

背景を追加するだけでも、見た目が派手になり、面白そうな雰囲気になります。

画面の変化が少ないゲームは、単調になりやすいので、背景の画像をたくさん用意して、一定数倒すごとにステージが変わるようにしたり、モンスターの数をもっと増やすなど、いろいろな要素を変化させて、遊ぶ人を飽きさせない工夫をしてみましょう。

■ゲームに動きを付ける

今回のゲームは動きがないものでしたが、2章のオーブのような動くものを組み合わせるだけでも印象は変わります。自分のキャラクターをタップしたら攻撃のオーブが出るようにして、敵に当たるとライフが減るなど、ひと手間加えるだけで画面が派手になります。

ランダムで攻撃力が上がるなどの工夫で、なるべく単調にならないようにしたり、攻撃できるキャラクターを増やすのもいいですね。

4章

パズルゲームを
作ろう

4.1

ゲームを設計しよう

キャラクターを操作しながら鍵や錠のブロックを移動し、同じ色の鍵で錠を解除していくゲームです。ステージ上のすべての錠を解除すればクリアになります。

ゲームをプレイしてみよう
ゲームを実際にプレイすることができます。
http://www.logic-lab.net/unity-sample/puzzlock/
※スマートフォンのブラウザーの場合、ゲームが正しく動作しない場合があります。上記サイトでは、画面にコントローラーを配置していますが、本書では作成方法は解説していません。

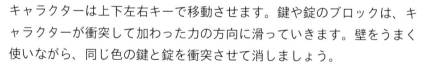

■たくさんのステージを切り替える
ステージセレクト画面では、ステージ1、ステージ2、ステージ3と遊ぶステージを選ぶことができます。

ステージセレクトやステージごとに画面が変わるので、シーンを分けたゲームの作り方や、シーンを複製して新しいステージを作る方法などもこの章で紹介します。

■キャラクターやブロックを移動する
キャラクターは上下左右キーで移動させます。鍵や錠のブロックは、キャラクターが衝突して加わった力の方向に滑っていきます。壁をうまく使いながら、同じ色の鍵と錠を衝突させて消しましょう。

手順を間違ってしまった時は、リセットボタンでステージを開始時の状態に、ホームボタンでステージセレクトの画面に戻ることができます。

1 必要なパーツを考えよう

まず、シーンごとに何があるか分解してみましょう。登場するのは以下のような部品です。

■ セレクト画面

SELECT LEVEL

1：各ステージへのボタン
2：背景

文字：ステージ番号

■ パズル画面

STAGE CLEAR

1：ステージを作るタイル
2：キャラクター
3：鍵、錠
4：シーン切り替えボタン
5：テロップやエフェクト

タイルを並べて
ステージを作る

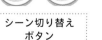

シーン切り替え
ボタン

パズル用の鍵、錠

2 ▶ パーツごとに機能を書き出そう

セレクト画面は背景やボタンしかないシンプルな作りですので、ボタンの機能を作ります。

ボタン	実装したい機能	必要なUnityの機能
	①ボタンを押すと各ステージに移動する ②ボタンのテキストがオブジェクト名と連動	

ステージは3つありますが、パーツやプログラムは共有することができます。

プレイヤー	実装したい機能	必要なUnityの機能
	①W A S Dキーや上下左右キーで移動する ②状況に応じたアニメーションをする ③鍵や錠を押すことができる	

鍵、錠	実装したい機能	必要なUnityの機能
	①押されると動く、障害物で止まる ②同じ色の鍵、錠に触れると消える ③消える時にエフェクトが出る	

ステージ	実装したい機能	必要なUnityの機能
	①タイルを並べてステージを作る ②通行できないタイルを作る ③錠がステージからすべて消えたらクリア ④ステージの大きさに合わせたカメラ	

ボタン	実装したい機能	必要なUnityの機能
	①押されると画面が切り替わる ②マウスオーバーやクリックで画像が変わる	

174

Unity Hubから新しいプロジェクトを作りましょう。

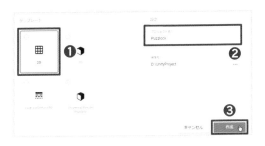

1 テンプレートから「2D」を選択し❶、プロジェクト名を決めましょう。ここでは「Puzzlock」としました❷。

[作成] ボタンをクリックします❸。

Memo プロジェクト作成には時間がかかります。

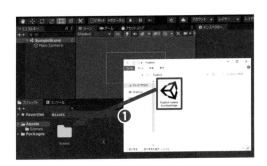

2 プロジェクトを開いたら、あらかじめダウンロードしておいた素材の中から「Puzzlock-materials.unitypackage」をAssetsにドラッグします❶。

3 インポートの画面で [インポート] ボタンをクリックします❶。これで準備ができました。

Memo すべての素材にチェックが入っている状態なので、そのまま [インポート] をクリックします。

4章
パズルゲームを作ろう

4.2

タイルマップを作ろう

2Dゲームを作る時には、小さな絵（タイル）を並べてマップを作る「タイルマップ」機能を利用して作成した背景を使うことがあります。何種類かのタイルを組み合わせて大きなマップを作ることができ、決められたサイズのマップを作りやすいため、パズルゲームによく用いられます。今回はこのタイルマップを使って、パズルゲームのステージを作りましょう。

■新しいシーンを作る

Unityでプロジェクトを作ると、自動的に「SampleScene」というシーンファイルが作られます。3章までのゲームではステージが1つだけだったので、自動で作られるシーンを使ってゲームを作ってきました。この章ではシーンを切り替えて、複数のステージを作れるようにします。

■タイルマップを作るための準備をする

タイルマップを作るには、タイルマップを描くための専用のオブジェクトが必要になります。また、タイルマップを描くための「パレット」も必要です。たくさん用意するものがありますが、一度準備をしてしまえば、それ以降はマップを作るのがとても楽になります。がんばってマスターしましょう。

■タイルマップを作る

準備さえできれば、タイルマップを描くのはとても簡単です。お絵描きツールと同じ要領で直感的に描けるので、自分だけのマップをすぐに作れるようになるでしょう。タイルマップのレイヤー分けをすることによって、キャラクターがそこを通ることができるかについても一緒に設定できるようになりましょう。

1　新しいシーンを作ろう

4.2.1
操作Movie

ゲームにはタイトル画面、ステージ、設定画面などさまざまな画面があります。それらを同じ場所でプログラミングするのは大変なので、Unityではシーンごとに別の画面に切り替えることができます。ここで、ステージ用のシーンを新しく作りましょう。

4章　パズルゲームを作ろう

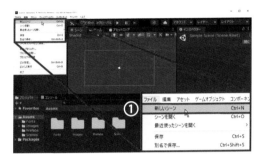

1 ［ファイル］→［新しいシーン］をクリックします❶。

> **Memo** Ctrl + N のショートカットでも作ることができます。

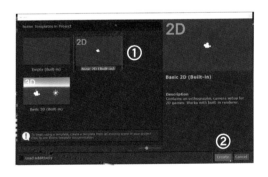

2 シーンのテンプレートを選ぶ画面が開きました。ここでは「Basic 2D」をクリックして選択し❶、［Create］ボタンをクリックします❷。

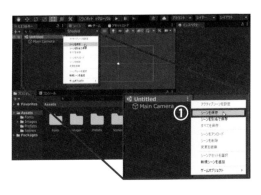

3 新しいシーンが開きました。シーンの名前が「Untitled」になっています。この状態ではまだシーンは保存されていないので、名前を付けて保存しましょう。「Untitled」の右側の［…］をクリックすると表示されるメニューから、［シーンを保存］をクリックします❶。

4 「Assets」フォルダーの中の「Scenes」フォルダーに、「Stage1」という名前で保存します❶。

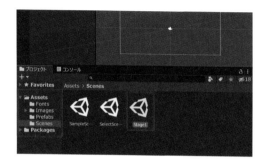

5 シーンの名前が「Stage1」に変わりました。プロジェクトのAssetsの「Scenes」フォルダーの中に、Stage1のシーンが保存されていることが確認できます。

6 ゲームのアスペクト比を変更します。109ページと同様にして、[ゲーム] タブの [Free Aspect] をクリックすると表示されるメニューから、[9：16] をクリックして変更します❶。

> **Memo** この「9:16」は、2章の41ページで作成したアスペクト比の設定です。表示されない場合は、41ページの手順で作成しておきましょう。

Hint

シーンファイルの操作

他のファイルと同じように、シーンファイルも削除や複製ができます。Assetsの「Scenes」フォルダーでシーンファイルを選択して、Deleteキーでシーンの削除、Ctrl + D でシーンを複製できます。シーンファイルをダブルクリックすると、シーンを切り替えられます。

2 ▶ タイルマップを作る準備をしよう

4.2.2
操作 Movie

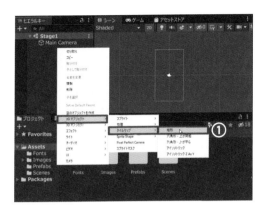

1 ［ヒエラルキー］を右クリックして表示されるメニューから、［2Dオブジェクト］→［タイルマップ］→［矩形］をクリックします❶。

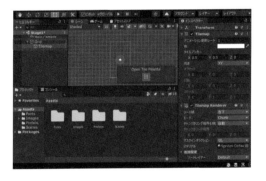

2 シーン画面にグリッド（格子）が表示され、ヒエラルキーに「Grid」と「Tilemap」が追加されました。

Tilemapオブジェクトには、タイルマップの位置などに関する「Tilemapコンポーネント」と、タイルマップの見た目に関する「Tilemap Renderer」が付いています。

3 2章98ページの手順に従って「BG」レイヤーを追加し、デフォルトレイヤーより下に表示されるようにしてください。レイヤーの追加が完了したら、「Tilemap Renderer」コンポーネントの「ソートレイヤー」を［BG］に変更します❶。

4 タイルを並べるためには、「どの画像を並べるか」を選ぶためのパレットが必要です。最初に、パレットを保存するためのフォルダーを作りましょう。Assets内を右クリックして表示されるメニューから［作成］→［フォルダー］をクリックします。

Memo フォルダーの名前は「TilePalette」にしました。

5 ヒエラルキーの［Tilemap］をクリックして選択し❶、シーンの右下にある［Open Tile Palette］をクリックします❷。

6 タイルパレットが開きました。［新しいパレットを作成］をクリックします❶。

 Hint

タイルパレット

タイルパレットは、タイルマップの作成に使う画像を登録しておく場所です。Assetsの画像を直接シーンに配置するのではなく、タイルパレットに登録した画像を使って、お絵描きツールのような感覚でマップを描くことができます。

7 パレットに名前を付けましょう。「FieldPalette」という名前を入力し❶、[作成]をクリックします❷。

8 パレットを保存する場所を選びます。手順4で作った「TilePalette」フォルダーをクリックして選択し❶、[フォルダーの選択]をクリックします❷。

9 新しいパレットができました。Assetsにある「Images」フォルダー内の「Block」フォルダーを開き、フォルダー内の画像をすべて選択して、タイルパレットにドラッグします❶。

> **Memo** 左上の画像をクリックし、Shiftキーを押しながら右下の画像をクリックすると、すべての画像を選択できます。

10 タイルの保存先を選びます。手順8と同様に「TilePalette」フォルダーを選択して❶、[フォルダーの選択]をクリックします❷。

> **Memo** これで、タイルパレットにマップを作るためのブロックが登録されました。

3 ▶ タイルマップを作ろう

4.2.3
操作 Movie

パレットが準備できたら、いよいよタイルマップの作成です。タイルパレットを表示したまま、シーンの中のタイルマップにタイルを配置していきます。

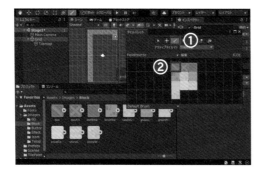

1 タイルパレットのツールから🖌をクリックします❶。次にパレットの中から、▨をクリックして選択します❷

この状態で、シーンの上をドラッグすると、グリッドに沿ってタイルが並んでいきます。

カメラの枠に沿って、左図のようなマップになるようにタイルを配置しましょう。

Memo 間違えて描いてしまった時は、下のHintを参考に消しゴムツールで消すことができます。

Hint

タイルパレットのツール

▶	選択ツール	:	クリックで1マス、ドラッグで複数のマスが選択できる。
✛	移動ツール	:	選択ツールで選んだタイルを移動する。
🖌	ブラシツール	:	シーンにタイルを描く。
🔲	塗りつぶしツール	:	ドラッグした範囲を塗りつぶす。
💉	ピッカーツール	:	ブラシに使うタイルを選ぶ。シーン内からも選べる。
◇	消しゴムツール	:	タイルを削除する。ドラッグで複数のマスを消せる。
⬧	塗りつぶしツール	:	他のタイルに囲まれた部分を塗りつぶす。

タイルの下が黒いままなので、タイルの下に緑色の背景を表示しましょう。

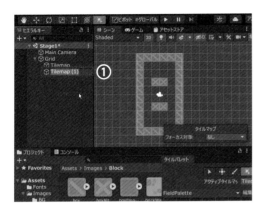

2　タイルの下に他のタイルを配置したい時は、もう1つタイルマップを用意します。

Tilemapオブジェクトを右クリックして表示されるメニューで［複製］をクリックし、タイルマップをコピーします❶。

コピーしたタイルマップの名前を「TilemapBG」に変更します。

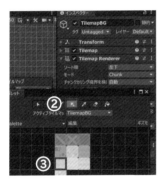

3　「TilemapBG」をクリックして選択します❶。タイルパレットのツールから▣をクリックし❷、▢緑色のタイルをクリックします❸。

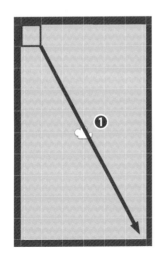

4　シーンを緑色のタイルで塗りつぶします。矩形で塗りつぶしたい範囲の左上から、右下に向かってドラッグします❶。

左図のように、Tilemapオブジェクトに描かれたタイルが隠れるように配置します。

5

タイルを描き終わったら、タイルパレット画面を［×］ボタンで閉じてください。

このままだとTilemapオブジェクトが見えないので、重なり順を変更します。

TilemapBGオブジェクトをクリックして選択し❶、Tilemap Rendererコンポーネントの「レイヤーの順序」を「-1」にします❷。

---

4 ▶ マップに当たり判定を設定しよう

4.2.4 操作 Movie

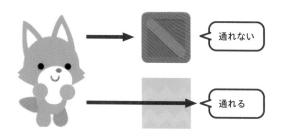

プレイヤーが、ブロックのタイルを通過できないように設定したいですね。

今回は、ブロックのタイルと背景のタイルが異なるオブジェクトですから、片方だけに当たり判定を設定することができます。

1

ヒエラルキーから、当たり判定を付けたいタイルマップである「Tilemap」オブジェクトをクリックして選択します❶。

インスペクターの「コンポーネントを追加」に「ti」と入力し❷、表示されたリストの中から「2Dタイルマップコライダー」をクリックして選択します❸。

これで、コライダーを持ったタイルマップが完成しました。

4.3

プレイヤーを動かそう

3章までのゲームでは、ステージやボタンをクリックしてキャラクターを動かしたり、ゲームを操作したりしていました。今回は上下左右などのキー入力でキャラクターを動かしましょう。

■プレイヤーのアニメーションを追加する

プレイヤーには待機、歩くなどのアニメーションを付ける予定です。ここでは、待機アニメーションを追加してプレイヤーを表示します。今回はスプライトの分割を済ませた素材をあらかじめ用意しているので、ドラッグするだけで簡単にアニメーションを作ることができます。

■プレイヤーにコンポーネントを追加する

プレイヤーを動かすにはリジッドボディ、他のオブジェクトにぶつかるようにするにはコライダーが必要です。ここでコンポーネントの追加と設定を行いましょう。

また、見下ろし型のパズルゲームなので、プレイヤーが下に落ちないように設定する必要もあります。オブジェクトを追加するたびに重力の設定をするのは面倒ですから、プロジェクト全体の重力の設定を変える方法を身に付けましょう。

■プレイヤーをキー入力で動かす

2章では、「AddForce」を使ってプレイヤーを動かしました。今回のゲームではリアルな動きは必要ないので、velocityを使った移動方法を紹介します。

さまざまな入力を検知するInputクラスには、マウスのクリックだけでなく、キーボードやジョイスティックの入力を知るための関数も用意されています。中でも、ゲームの移動でよく使われる上下左右キーや[W][A][S][D]キーの入力はとくにプログラミングしやすいように設計されていますから、うまく使いこなしていきましょう。

1 ▶ プレイヤーのアニメーションを追加しよう

4.3.1
操作 Movie

ステージにプレイヤーを登場させましょう。プレイヤーは、何もキーが押されていなければ待機アニメーション、移動中は歩行アニメーション、クリアした時には喜んでいるアニメーションをします。ここでは、まず待機アニメーションを追加しましょう。

1　アニメーションを保存するフォルダーを作りましょう。Assets内を右クリックして表示されるメニューから、［作成］→［フォルダー］をクリックして新規フォルダーを作成します❶。

Memo フォルダー名は「Animations」にしました。

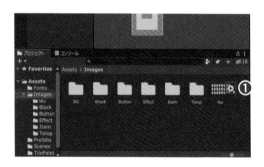

2　Assetsの中の「Images」フォルダーの中に「fox」という画像があります。あらかじめ画像を分割してありますので、foxの横の▶ボタンをクリックします❶。

Memo 画像の分割方法については、2章の44ページを参照してください。

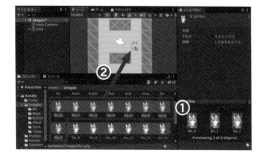

3　分割された画像の名前に番号が付いており、0から7までが待機アニメーションです。「fox_0」をクリックし、Shiftキーを押しながら「fox_7」をクリックして選択します❶。選択できたら、シーンにドラッグします❷。

4 ファイル名と保存場所を決めましょう。

今回は、先ほど作成したAssetの「Animations」フォルダーの中に保存します。ファイル名に「idle」と入力し❶、[保存]をクリックします❷。

5 シーンにキャラクターが表示されました。ヒエラルキーでオブジェクト名を「Player」に変更します❶。

前面に表示されるよう、SpriteRendererの「レイヤーの順序」を大きい数（ここでは20）にします❷。

6 Animationsフォルダーを確認すると、アニメーターコントローラーと、アニメーションが保存されていることがわかります。

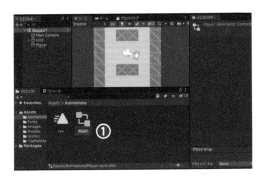

7 「Animations」フォルダー内のアニメーターコントローラーは、「fox_0」という名前になっています。

わかりやすいよう、名前を「Player」に変更します❶。

> **Memo** これで、アニメーションするプレイヤーキャラクターを作成することができました。ゲームを再生してみましょう。

2 ▶ プレイヤーにコンポーネントを追加しよう

4.3.2
操作 Movie

プレイヤーに当たり判定や移動のためのコンポーネントを追加しましょう。

1 シーンのタブに戻り、ヒエラルキーから「Player」をクリックします❶。

インスペクターの［コンポーネントを追加］をクリックし、「col」と入力します❷。

コライダーの中から［2Dボックスコライダー］をクリックします❸。

2 Box Collider 2Dコンポーネントが追加されました。

コライダーは画像より少し小さくしましょう。オフセットを「X：0」「Y：-0.2」、サイズを「X：0.5」「Y：0.8」にします❶。

3 次に、プレイヤーを移動させるためにリジッドボディも追加しましょう。

手順 **1** と同様の操作で今回は「ri」と入力し❶、候補の中から「2Dリジッドボディ」をクリックします❷。

4 再生して確認すると、キャラクターが落下し、ブロックに当たって止まりました。タイルマップや、プレイヤーのコライダーが正しく動作していることがわかります。

ですが、今回は見下ろし型のパズルゲームなので、プレイヤーが落下しないようにする必要があります。

リジッドボディの設定で「重力スケール」を0に設定して重力をオフにしても良いのですが、他のオブジェクトもすべて落下しないようにするため、今回はプロジェクトの重力の設定を変更しましょう。

5 ［編集］→［プロジェクト設定］をクリックします❶。

6 プロジェクト設定の画面が開きました。

左のメニューから「2D物理」をクリックし❶、「重力」のパラメーターを「X：0」「Y：0」に設定します❷。

> **Memo** ゲーム内の重力を設定する項目です。「重力×リジッドボディの重力スケール」がオブジェクトにかかります。

7 キャラクターが落下しなくなくなりました。

Memo プロジェクトの設定画面は［×］ボタンで閉じておきましょう。

4.3.3
操作 Movie

3 プレイヤーをキー入力で動かそう

プレイヤーを動かすためのスクリプトを追加しましょう。

1 ヒエラルキーの「Player」をクリックし❶、「コンポーネントの追加」で「PlayerController」と入力します❷。

［新しいスクリプト］→［作成して追加］をクリックしてスクリプトを追加します❸。

2 作成した「PlayerController」スクリプトをダブルクリックし、Visual Studioの画面を開きます❶。

3 「PlayerController」スクリプトに以下のようにプログラムしましょう。

```
 5    public class PlayerController : MonoBehaviour
 6    {
 7        public Rigidbody2D rb;
 8
 9        public float speed = 5;
10        private float xVel;
11        private float yVel;
12
13        // Start is called before the first frame update
14        void Start()
15        {
16
17        }
18
19        // Update is called once per frame
20        void Update()
21        {
22            xVel = Input.GetAxis("Horizontal") * speed;
23            yVel = Input.GetAxis("Vertical") * speed;
24
25            rb.velocity = new Vector2(xVel, yVel);
26        }
27    }
```

> リジッドボディやスピードはUnityから設定できるようにpublicで作ります。

> プログラムでvelocityを設定したいのでprivateで作ります。

> キー入力を取得し、XとYのスピードを決めます。

Horizontal

-1   0   1

Input.GetAxis を使うと、移動キーが押されているかどうかがわかります。Horizontalで左右キー、Verticalで上下キーの入力を取得できます。何も押されていない時は「0」、対応したキーが押されると「-1」か「1」が入ります。ジョイスティックが接続されている場合は、ジョイスティックにも反応します。

Vertical

-1   0   1

キー入力の結果は、変数xVelと変数yVelに保存し、velocityでプレイヤーを動かします。キーが押されていない場合は0になるため、Velocityも0になり、プレイヤーは動かなくなります。

ここから好きなキー
を設定できる

4 スクリプトを保存したら、Unityの画面に戻
ります。

ヒエラルキーから「Player」をクリックし
て選択し❶、「PlayerController」の変数「Rb」
にプレイヤーのRigidbody2Dをドラッグし
ます❷。

5 上下左右キー、WASDキーでプレイヤー
が動くようになりました。ですが、ブロック
の角にぶつかるとキャラクターが回転してし
まいます。

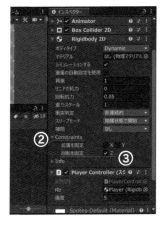

6 プレイヤーが回転しないようにしましょう。

ヒエラルキーの「Player」をクリックして選択し❶、Rigidbody2Dコンポーネントの「Constraints」をクリックします❷。

Constraintsの中の「回転を固定」をクリックしてチェックを入れます❸。

7 プレイヤーが回転しなくなりました。

4.4

アニメーションを切り替えよう

複数のアニメーションを登録し、キャラクターの動きによってアニメーションを切り替えられるようにしましょう。プログラムを使ってアニメーションすべてを管理するのは大変ですが、Unityに用意された「アニメーターコントローラー」を使えば、簡単にアニメーションを切り替えられるようになります。

■他のアニメーションを追加してまとめる

スプライトシートの中から対応するアニメーションをシーンにドラッグして、歩行とクリア時のアニメーションを追加します。前のセクションで解説した「シーンにドラッグする」手順は、アニメーションの速さを自動で決められる、アニメーターコントローラーが自動で作られるなど便利な面がたくさんあります。しかしながら、今回のように複数のアニメーションを追加しようとすると、アニメーターコントローラーが別々になってしまうデメリットがあります。そこで、1つのアニメーターコントローラーに複数のアニメーションをまとめる方法を解説します。

■アニメーションの遷移を作る

Unityのアニメーション管理はアニメーターコントローラーで行います。アニメーションの管理はすべてアニメーターコントローラーで行うことになるので、しっかりと使い方をマスターしましょう。遷移やプロパティの作成、プロパティを使った遷移条件の作り方などを紹介します。

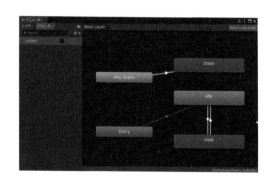

アニメーターには3Dに対応したパラメーターがあり、それをそのまま2Dで使うと遅延の原因になります。遅延のないアニメーション切り替えの方法も身に付けましょう。

■プログラムでアニメーションを切り替える

アニメーターコントローラーの設定ができたら、プログラムから簡単にアニメーションを切り替えることができます。遷移の条件を決めて、パラメーターをセットできるようになりましょう。

4
章

パズルゲームを作ろう

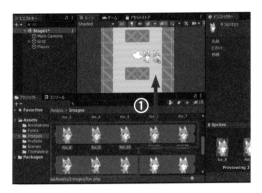

1　186ページの手順2～4に従って、歩行時のアニメーションを追加します。

「Images」フォルダー内のfoxの画像から、fox_8からfox_15までをシーンにドラッグします❶。

保存する際のアニメーションの名前は「walk」にしました。

2　同様にしてクリア時のアニメーションも追加します。ここでは、fox_16からfox_23までの画像をシーンにドラッグします❶。

保存する際のアニメーションの名前は「cheer」にしました。

3　再生してみると、3体のキャラクターそれぞれが異なるアニメーションをしていることがわかります。

Memo キャラクターが3体表示されるのは困るので、次の手順で、アニメーションを1つにまとめる作業を行います。

2 ▶ アニメーションを1つにまとめよう

4.4.2
操作 Movie

1 それぞれのアニメーションを1つにまとめましょう。

ヒエラルキーの「fox_8」と「fox_16」を削除します❶。Animationsフォルダー内のアニメーターコントローラー「fox_8」「fox_16」も削除します❷。

> **Memo** オブジェクトを削除するには、対象のオブジェクトを選択して Delete キーを押します。

2 Animationsフォルダーの「Player」アニメーターコントローラーをダブルクリックします❶。

すると、アニメーターのタブが現れました。アニメーターの中には「idle」アニメーションが入っています。

3 「cheer」と「walk」のアニメーションをアニメーターにドラッグします❶。

これで、アニメーターの中に「cheer」と「walk」が追加されました。

Hint

アニメーションを登録する他の方法

本文では、アニメーションをすべて作っておき、必要なものだけを使う方法を紹介しました。ここでは、他の登録方法を紹介します。

1 ヒエラルキーで「Player」を選択した状態で、［ウィンドウ］→［アニメーション］→［アニメーション］をクリックします❶。Ctrl + 6 でも同様です。

2 アニメーション画面が表示されます。何もない場合は［作成］をクリックします❶。アニメーターコントローラーは自動的にオブジェクトと同じ名前で作成されます。アニメーションの名前を決めて（idle など）アニメーションを作成します。

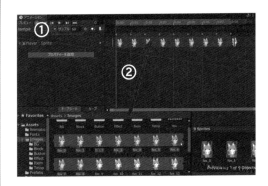

3 サンプル数を「12」に設定します❶（サンプル数が多いとアニメーション速度が速くなります）。

アニメーションに使う画像を、アニメーション画面にドラッグします❷。これでアニメーションの登録ができました。

4 アニメーションコントローラーに新しいアニメーションを追加したい時は、左上のドロップダウンメニューから［新しいクリップを作成］をクリックします❶。

3 ▶ アニメーションの遷移を作ろう

4.4.3
操作 Movie

アニメーターコントローラーにアニメーションを配置しただけでは、アニメーションを切り替えることはできません。現在再生されているアニメーションからどのアニメーションに切り替えるか（遷移するか）のルールを、アニメーターコントローラーで作る必要があります。

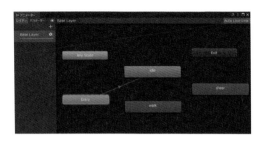

作業前は、「Player」アニメーターコントローラーが左のような状態になっています。「Entry」から「idle」に矢印が伸びていますね。

ゲームが始まった時に「idle」アニメーションを再生するというルールが、矢印で表現されています。

マウスホイールを回転させて、拡大・縮小
マウスホイールを押しながらドラッグすると、表示部分を移動することができます。それぞれのアニメーションは、ドラッグで好きな場所に移動させられます。

1 待機状態から歩行時のアニメーションに遷移するルールを追加しましょう。

「idle」アニメーションを右クリックし、［遷移を作成］をクリックします❶。

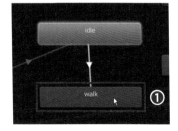

2 白い矢印が現れました。この状態で「walk」アニメーションをクリックします❶。

「idle」から「walk」へ矢印が繋がりました。

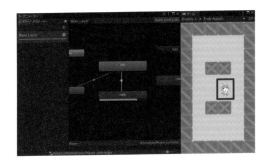

3 ゲームを再生してみましょう。すると、一度だけ待機アニメーション（idle）が再生され、その後は歩行時のアニメーション（walk）が繰り返し再生されています。

矢印に従ってアニメーションが遷移していることがわかります。

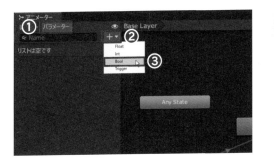

4 移動している時のみ、歩行時のアニメーションになるよう変更します。パラメーターを追加して、遷移の条件を作っていきます。

左上の［パラメーター］タブをクリックし❶、［+］アイコンをクリックして❷、［Bool］をクリックします❸。

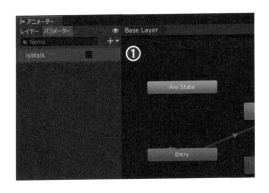

5 新しいパラメーターが作られました。

パラメーターの名前を決めましょう。ここでは「isWalk」と入力します❶。

Hint

パラメーターの名称
パラメーターの名前は後からでもわかりやすいものにしておきましょう。今回のように、「○○かどうか」を判定するためのパラメーターの場合は、慣習的に「is○○」という名前を付けることが多いです。
パラメーターの種類として、ここではBool（trueまたはfalseになる値）を選んでいます。trueであれば「移動している」、falseであれば「移動していない」のように使います。

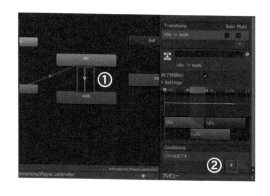

6 次に、パラメーターがどの状態の時に「walk」
アニメーションへ遷移するかを決めましょう。

「walk」アニメーションに繋がる矢印をクリ
ックすると❶、遷移のインスペクターが現れ
ます。「Conditions」の中にある［＋］をク
リックします❷。

7 「isWalkがtrueの時」という条件が追加さ
れました。

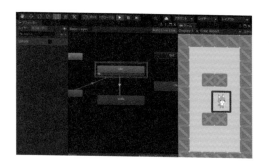

8 ゲームを再生してみましょう。今度は「walk」
には遷移せず、「idle」のアニメーションを
繰り返していることがわかります。

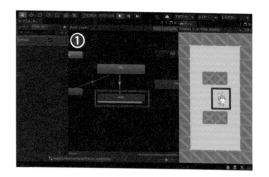

9 再生した状態で、パラメーターの「isWalk」
チェックボックスにチェックを入れます❶。
isWalkにチェックが入った（trueになった）
ことで、「walk」アニメーションに切り替わ
りました。

ところが再びチェックを外しても「idle」に
は戻らず、「walk」が再生され続けてしまい
ます。

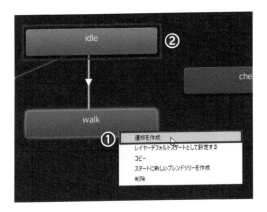

10 「walk」から「idle」に遷移するための条件も作りましょう。

「walk」のアニメーションを右クリックして表示されるメニューから［遷移を作成］をクリックします❶。「idle」をクリックして❷、「walk」から「idle」への矢印を追加します。

11 手順10で追加した矢印をクリックし❶、インスペクターを開きます。「Conditions」の中の「+」をクリックして条件を追加し、「true」を「false」に変更します❷。

これで、「isWalk」パラメーターのオン／オフでプレイヤーのアニメーションを切り替えられるようになりました。

 Hint

最初のアニメーションを変更するには
Entryからの矢印を他のアニメーションに変更したい時は、変更したいアニメーションを右クリックし、［レイヤーデフォルトステートとして設定する］をクリックします❶。

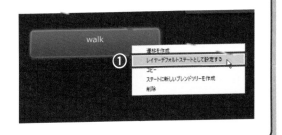

待機と歩行のアニメーションは、それぞれに遷移の設定をすることができました。一方、クリア時のアニメーションへは、待機中からも歩行中からも切り替わってほしいところです。

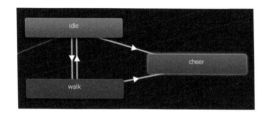

たとえば左図のように遷移を作ることもできますが、もっとアニメーションやパラメーターが増えてきた時に、何度も遷移を作るのは大変な作業です。「Any State」を使うと、どのアニメーションからでも遷移を作ることができます。

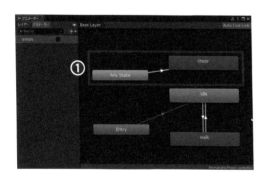

1 線を引きやすいよう、「cheer」をドラッグして「Any State」の近くに移動します。「Any State」を右クリックし、メニューから［遷移を作成］をクリックして「cheer」アニメーションに繋げます❶。

> **Memo** 198ページの手順❶〜❷を参考にしてください。

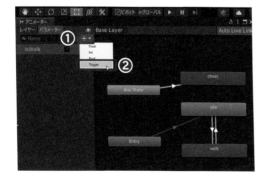

2 次に、「cheer」に遷移するための条件に使うパラメーターを作成します。

「パラメーター」の［+］をクリックし❶、［Trigger］をクリックします❷。

Triggerの名前は「cheer」にします。

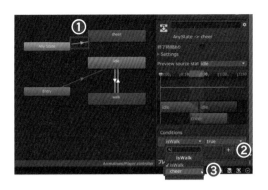

3　「AnyState」から「cheer」への矢印をクリックし❶、インスペクターからConditionsの［＋］をクリックします❷。

「isWalk」をクリックして「cheer」を選びます❸。

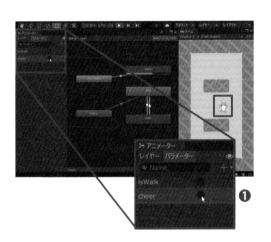

4　ゲームを再生してみましょう。

パラメーター「cheer」の横にある［○］ボタンをクリックすると❶、「cheer」アニメーションが再生されるようになりました。

Hint

パラメーターの使い分け

手順❷で選ぶことのできるパラメーターは、用途によって使い分けることをお勧めします。それぞれの特長と向いている用途について下記にまとめましたので、参考にしてください。

▶ Bool型パラメーター：true（真）かfalse（偽）の値を持っていて、状態に合わせてアニメーションを変化させたい時に向いています。

▶ Trigger型パラメーター：押した瞬間だけを知りたい時、押した瞬間だけ何かさせたい時に使います。たとえば銃を打つ、パンチをするなど、1回だけのモーションをさせたい時に便利です。

▶ int型／float型パラメーター：たとえば歩くスピードがだんだん早くなり、一定のスピードを超えたら走るアニメーションにするなど、値によってアニメーションを変更したい時に使います。

5 ▶ アニメーションの遅延を改善しよう

4.4.5
操作 Movie

一定時間経過してから切り替わっている

パラメーターを切り替えても、次のアニメーションに遷移するまでに少し遅延が発生します。アニメーションがすぐに切り替わるように設定してみましょう。

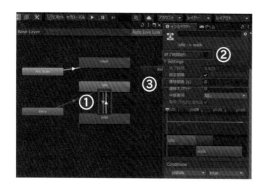

1

「idle」から「walk」に遷移する矢印をクリックして選択します❶。

「Settings」の▶をクリックすると、遷移にかかる時間を設定するパラメーターが表示されます。「終了時間あり」をクリックしてチェックを外し❷、「遷移間隔」を「0」に設定しましょう❸。

Hint

終了時間と遷移間隔

アニメーターコントローラは3Dでも使われます。3Dモデルを使ったアニメーションの場合、アニメーションを切り替える時に不自然にならないように、「遷移間隔」を使ってボーンの位置をブレンドします。2Dアニメーションの場合はこの作業が不要になるので、遷移間隔を0に設定しておくほうがスムーズな切り替えになります。

「終了時間」は、アニメーションを中断するタイミングを決めるパラメーターです。「終了時間あり」のチェックを外すと、現在のアニメーションをすぐに中断できるようになります。たとえば投げる、蹴る、パンチなど、突然終わると不自然なアニメーションの場合は、「終了時間あり」にチェックを入れ、「終了時間」を「1」に設定します。こうすると、アニメーションが完全に終わってから次のアニメーションに切り替わるようになります。

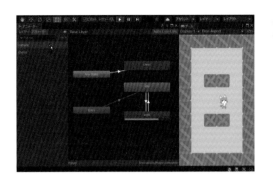

2 同様に、「walk」から「idle」、「Any State」から「cheer」への遷移についても、「終了時間あり」のチェックを外し、「遷移時間」を「0」に設定します。

これで、どのアニメーションへもすぐに切り替わるようになりました。

6 ▶ プログラムでアニメーションを切り替えよう

4.4.6
操作 Movie

パラメーターの変化でアニメーションを切り替えられるようになりました。次は、プログラムからパラメーターを変化させられるようにします。

1 Visual Studioの画面に切り替え、「PlayerController」スクリプトにパラメーターを変えるためのプログラムを追加します。

```
 5    public class PlayerController : MonoBehaviour
 6    {
 7        public Rigidbody2D rb;
 8        public Animator animator;
 9
10        public float speed = 5;
11        private float xVel;
12        private float yVel;
13
14        // Start is called before the first frame update
15        void Start()
16        {
17
18        }
19
20        // Update is called once per frame
21        void Update()
22        {
```

> アニメーターを入れておくための変数です。

続く→

```
23          xVel = Input.GetAxis("Horizontal") * speed;
24          yVel = Input.GetAxis("Vertical") * speed;
25
26          if (xVel != 0 || yVel != 0)
27          {
28              animator.SetBool("isWalk", true);
29          }
30          else
31          {
32              animator.SetBool("isWalk", false);
33          }
34
35          rb.velocity = new Vector2(xVel, yVel);
36      }
37  }
```

動いている時は
isWalkをtrueにします。

キャラクターが移動しているかどうかを判定するために、2章の74ページで紹介した比較演算子と論理演算子を組み合わせてifの中の条件を作っています（26行目）。

```
if ( xVel != 0 || yVel != 0 )
```

xのスピードが0ではない またはyのスピードが0ではない という意味になります。

キーが押されていない時にはGetAxisで取得した値が0になります。

アニメーターコントローラーで作成したパラメーターに値を設定するには、次のようにします。

```
animator.SetBool("パラメーター名", true);
```

 Hint

パラメーターに値をセットする関数

パラメーターの型によって使う関数が違います。

・Trigger：animator.SetTrigger("パラメーター名");

・Int ：animator.SetInteger("パラメーター名", 1);

・Float：animator.SetFloat("パラメーター名", 0.5f);

2 スクリプトを保存してUnityの画面に戻ります。

ヒエラルキーの「Player」をクリックし❶、「PlayerController」のアニメーター変数に、PlayerのAnimatorコンポーネントをドラッグします❷。

3 立ち止まっている時と歩いている時で、異なるアニメーションが表示されるようになりました。

7 ▶ 移動している方向に向きを変えよう

4.4.7
操作 Movie

今は、左に移動している時もプレイヤーが右を向いてしまいます。プログラムからプレイヤーの向きを変えられるようにしましょう。

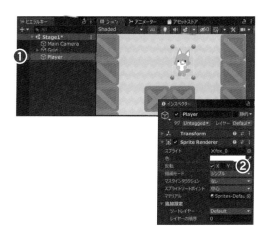

1 ヒエラルキーの「Player」をクリックして選択し❶、インスペクターの「Sprite Renderer」を確認します。

「反転」のXにチェックを入れると❷、キャラクターが左を向き、チェックを外すともとの向きに戻ります。これをプログラムから変えられるようにしましょう。

2 Visual Studioの画面を開き、「PlayerController」スクリプトにプログラムを追加します。

```
5    public class PlayerController : MonoBehaviour
6    {
7        public Rigidbody2D rb;
8        public Animator animator;
9        public SpriteRenderer sp;
```

> スプライトレンダラーを入れておくための変数です。

```
    (略)

21       // Update is called once per frame
22       void Update()
23       {
24           xVel = Input.GetAxis("Horizontal") * speed;
25           yVel = Input.GetAxis("Vertical") * speed;
26
27           if (xVel != 0 || yVel != 0)
28           {
29               animator.SetBool("isWalk", true);
30           }
31           else
32           {
33               animator.SetBool("isWalk", false);
34           }
35           if (xVel > 0)
36           {
37               sp.flipX = false;
38           }
39           if (xVel < 0)
40           {
41               sp.flipX = true;
42           }
43
44           rb.velocity = new Vector2(xVel, yVel);
45       }
46   }
```

> xVelが0より大きいなら右キーが押されているので反転をオフにします。

> xVelが0より小さいなら左キーが押されているので反転をオンにします。

「Sprite Renderer」コンポーネントを操作したいので、初めに変数を作成します（9行目）。反転のパラメーターは、以下のようにすることで変更できます。

```
Xの反転    :   sp.flipX = true;
Yの反転    :   sp.flipY = true;
```

今回は左右のみ変更したいので、flipXを使いました。

35～42行目が、プレイヤーの向きを変えるための処理です。xVelが0より大きい時（35行目）は、右キーが押されているので、反転（flipX）をfalseにします（37行目）。xVelが0より小さい時（39行目）は、反転（flipX）をtrueにします（41行目）。

3 スクリプトを保存し、Unityの画面に戻りましょう。ヒエラルキーで「Player」をクリックして選択します❶。

インスペクターで、PlayerControllerの変数「Sp」に「Sprite Renderer」をドラッグします❷。

4 ゲームを再生してみましょう。キャラクターが進行方向に向くようになりました。

4.5

鍵と錠のブロックを追加しよう

プレイヤーを動かせるようになったら、パズルをクリアするための鍵と錠を追加しましょう。同じ色同士のペアが揃ったら消えるように作成します。そして、すべてのペアを揃えたらゲームクリアになるようにしましょう。

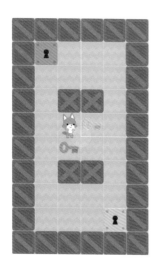

■鍵と錠をステージに配置する
パズルに使う鍵と錠のペアをステージに配置しましょう。今まではシーンにドラッグして好きな位置に配置していましたが、マウスでドラッグする方法では、マス目にピッタリと合わせて配置しづらいです。移動ツールをうまく使い、マス目に沿って配置しましょう。

■コンポーネントをまとめて追加する
たくさんのオブジェクトひとつひとつに対して、リジッドボディやコライダーを追加するのは大変です。複数のオブジェクトに対してまとめてコンポーネントを追加したり、タグを変更したりする方法を学びます。

■鍵が錠に触れた時に消えるようにする
鍵と錠がペアかどうかを判定するにはどのようにすれば良いでしょうか？ これまでタグを使って判定していましたが、ここでは名前同士を比較し、同じ色かどうかを判断できるようにプログラムを作りましょう。

■ステージクリアを作る
鍵と錠がすべて消えたらステージクリアになるようにしましょう。ステージにコライダーを用意し、オブジェクトが消えたことをチェックしてクリア判定をします。他オブジェクトの関数を呼び出して、クリアのタイミングでキャラクターのアニメーションを切り替えたり、クリアのテロップを表示したりしてみましょう。

1 ▶ 鍵と錠をステージに配置しよう

4.5.1
操作 Movie

鍵と錠のブロックは、パズルに使う要素なので、背景のマス目ピッタリに配置します。

1 Assetsの「Images」フォルダーから、「Item」フォルダーを開きます❶。中に鍵と錠の画像が用意されていて、それぞれ1Unitのサイズになっています。

「LockBlue」（青い錠）の画像を、ヒエラルキーにドラッグして追加します❷。

4章

パズルゲームを作ろう

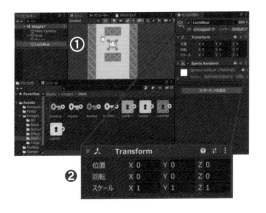

2 ヒエラルキーの「LockBlue」をクリックして選択し❶、インスペクターを確認します❷。

オブジェクトが「X:0 Y:0 Z:0」の位置（原点）に追加されていることがわかります。

オブジェクトの配置方法と配置される位置

上記で解説した手順のように、画像をヒエラルキーにドラッグすると、オブジェクトは原点（X:0、Y:0、Z:0）に追加されます。一方で、画像をシーンにドラッグすると、実際にドラッグした位置にオブジェクトが配置されます。Transformの位置を確認すると、原点ではない場所に配置されていることがわかります。

この2つの方法は、どちらが正しいやり方というものではありません。ドラッグして配置する方法は、状況によって適宜使い分けると良いでしょう。

3 LockBlueを選択した状態で、左上の （移動ツール）をクリックします❶。

Ctrlキーを押しながら、上向きの矢印をドラッグして動かすと、Y座標が0.25刻みで動いていくのがわかります。

Memo Ctrlキーを押さない場合は、スナップ（磁石のマーク）がオンになっている時は1刻み、オフの時はドラッグに合わせて移動になります。矩形ツールの場合はマウスのドラッグに合わせて移動します。

4 Ctrlキーを押しながら、2つの矢印を使ってマップの左上にピッタリ配置します。

Memo オブジェクトの本体ではなく、矢印をドラッグするのが操作のポイントです。

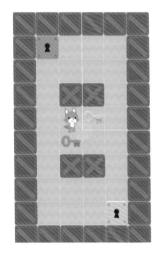

5 同じように、青と黄の鍵、黄の錠もマップに追加します。左のようなマップになるように、鍵と錠を配置してください。

プレイヤーの座標は「X:-0.5」「Y:0.5」「Z:0」にしています。

Memo これでステージ1のマップは完成しました。次からは、これらのオブジェクトにまとめてコンポーネントを追加します。

2 ▶ まとめてコンポーネントを追加しよう

4.5.2 操作Movie

オブジェクトの移動、オブジェクトの衝突のために、リジッドボディとコライダーを追加します。コンポーネントを1つずつ追加するのは大変なので、まとめて追加する方法を紹介します。

1 ヒエラルキーの「LockBlue」をクリックし❶、Shift キーを押しながら一番下のオブジェクト（画面では「KeyYellow」）をクリックします❷。

4つのオブジェクトがまとめて選択されました。

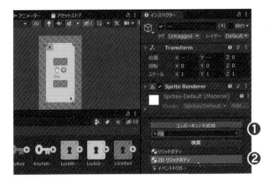

2 オブジェクトが複数選択された状態で、インスペクターの「コンポーネントを追加」で「rig」と入力し❶、「2Dリジッドボディ」をクリックします❷。

3 これで4つのオブジェクトにRigidbody 2Dコンポーネントが追加されました。

4つのオブジェクトを選択した状態で、Constraintsの「回転を固定：Z」をクリックしてチェックを入れます❶。

4　4つのオブジェクトが選択された状態で、今度はコライダーを追加しましょう。

インスペクターの「コンポーネントの追加」で「col」と入力し❶、「2Dボックスコライダー」をクリックします❷。

5　Box Collider 2Dもまとめて追加できました。コライダーのサイズが1だとピッタリすぎて、マップの隙間を通れなくなってしまうので、少し小さくしておきます。

ここではサイズを「X：0.9」「Y：0.9」に設定しました❶。

6　次にタグの設定をしましょう。

インスペクターのタグの項目をクリックし❶、「タグを追加」をクリックします❷。

7　Tags & Layersの「タグ」の項目の［+］ボタンをクリックし、新しいタグを作ります❶。ここでは「Key」という名前にしました。

Memo　ここでは、鍵のオブジェクト2つに「Key」タグを付けます。

8　ヒエラルキーで「KeyBlue」をクリックし❶、Ctrlキーを押しながら「KeyYellow」をクリックします❷。

2つの鍵のオブジェクトが選択できたら、タグの項目から「Key」を選択します❸。これでタグをまとめて設定することができました。

3 ▶ 鍵と錠が触れたらオブジェクトを消そう

4.5.3
操作 Movie

同じペアの鍵と錠が触れたら消えるようにプログラムを作成しましょう。

1　ヒエラルキーで「LockBlue」をクリックし❶、Ctrlキーを押しながら「LockYellow」をクリックします❷。

2つのオブジェクトが選択できたら、インスペクターの「コンポーネントを追加」で「Lock」と入力し❸、[新しいスクリプト]をクリックします❹。

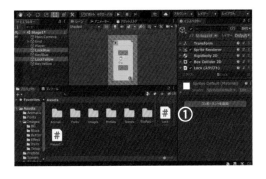

2　[作成して追加]をクリックすると、2つのオブジェクトに「Lock」というスクリプトが追加されました。

「Lock」のスクリプトをダブルクリックし❶、Visual Studioで開きましょう。

Memo　インスペクターのスクリプト「Lock」をダブルクリックしても同様に開けます。

3 「Lock」スクリプトに以下のようにプログラムします。「当たったら消える」だけのプログラムなので、Start() 関数やUpdate() 関数は削除しておきます。

```
 5    public class Lock : MonoBehaviour
 6    {
 7        public GameObject effect;                    ← エフェクトを入れておく変数です。
 8        private void OnCollisionEnter2D(Collision2D collision)
 9        {
10            string keyColor = collision.gameObject.name.Replace("Key","");
11            string lockColor = gameObject.name.Replace("Lock", "");
12
13            if ( keyColor == lockColor )             ← 鍵と錠の色が同じなら
14            {                                           削除します。
15                Instantiate(effect, transform.position, Quaternion.identity);
16                Destroy(collision.gameObject);
17                Destroy(gameObject);
18            }
19        }
20    }
```

ペアになる色を知りたいので、ゲームオブジェクトの名前を取得します。錠に衝突したものの名前はcollision.gameObject.nameで知ることができ、スクリプトの付いているオブジェクト（この場合は錠）の名前はgameObject.nameでわかります。

nameのようなStringクラスには、Replace関数が用意されています。Replace関数は、文字を置き換える関数で、

```
Replace("置き換えしたい文字","置き換え後の文字");
```

のように使うことができます。

鍵には「KeyBlue」「KeyYellow」という名前が、錠には「LockBlue」「LockYellow」という名前が付いているので、Replace関数でKeyやLockを空文字に置き換えると、「Blue」や「Yellow」という色の名前のみが残ります（10行目～ 11行目）。それぞれの色の名前を比較し、同じだったらエフェクトを出してオブジェクトを削除します（13行目～ 18行目）。

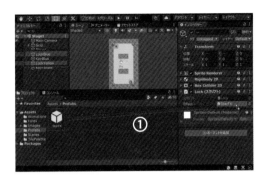

4 スクリプトを保存し、Unityの画面に戻りましょう。ヒエラルキーの「LockBule」と「LockYellow」の2つを選択した状態で、Assetsの「Prefabs」の中にある「StarFX」というプレハブを、LockスクリプトのEffect変数にドラッグしてアタッチします❶。

複数選択している状態なので、一度にアタッチすることができます。

5 これで、ペアの鍵と錠がぶつかると消えるようになりました。

ペアだと消える

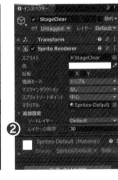

違う色だと消えない

---

4 ステージクリアを作ろう

4.5.4
操作 Movie

ステージクリアの時に表示するテロップを用意しましょう。

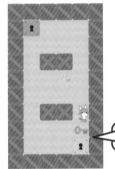

1 Assetsの「Images」内の「Telop」フォルダーの中に、ステージクリア用の画像「StageClear」があります。これをヒエラルキーにドラッグします❶。

手前に表示したいので、Sprite Rendererのレイヤー順序を「30」にします❷。

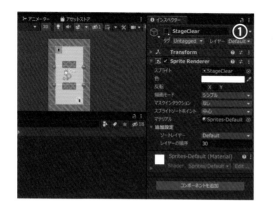

2 最初は非表示にします。インスペクターに表示されているオブジェクト名の左にあるチェックボックスをクリックし❶、チェックを外します。

これでシーンに表示されなくなりました。

3 ゲームクリア時のアニメーションに切り替えるために、プレイヤーのプログラムを追加します。Visual Studioの画面に切り替え、「PlayerController」スクリプトにプログラムを追加しましょう。

```
 5    public class PlayerController : MonoBehaviour
 6    {
 7        public Rigidbody2D rb;
 8        public Animator animator;
 9        public SpriteRenderer sp;
10        public GameObject telop;
```

> ステージクリアのオブジェクト用の変数です。

```
（略）

47        void GameClear()
48        {
49            animator.SetTrigger("cheer");
50            telop.SetActive(true);
51        }
52    }
```

> クリア時のアニメーションに切り替え、テロップを表示します。

ステージクリアのテロップ用の変数telopを用意します（10行目）。ゲームクリア関数GameClear()を作り、プレイヤーのアニメーションを「cheer」に切り替えて、テロップを表示するプログラムを追加します（47行目〜51行目）。

4 スクリプトを保存してUnityに戻りましょう。

ヒエラルキーで「Player」を選択した状態で、PlayerControllerの「telop変数」に、「StageClear」オブジェクトをドラッグしてアタッチします❶。

これで、ゲームクリアの演出の準備ができました。

ステージの鍵と錠をすべて消すことができたらクリアです。ゲームクリアになったかどうかを判断するプログラムを作り、プレイヤーのアニメーションを切り替えられるようにしましょう。

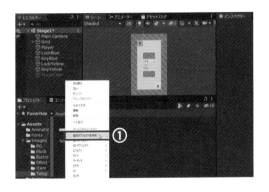

5 ステージをチェックするためのオブジェクトを用意しましょう。

ヒエラルキーを右クリックして表示されるメニューで、［空のオブジェクトを作成］をクリックします❶。

6 オブジェクトの名前を「StageManager」とします❶。

ステージの中央に配置したいので、インスペクターでTransformの位置をすべて0にしておきます❷。

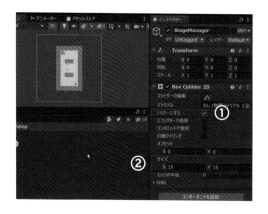

7 オブジェクトがステージ上にあるかをチェックしたいので、コライダーが必要です。214ページの手順を参考に、Box Collider 2Dコンポーネントを追加します。

「トリガーにする」をクリックしてチェックし❶、サイズを「X：15」「Y：15」にします❷。

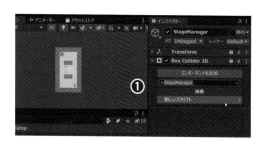

8 215ページの手順を参考に、コンポーネントの追加から「StageManager」という名前の新しいスクリプトを作ります❶。

Assetsの中に作られた「StageManager」スクリプトをダブルクリックして、Visual Studioの画面を開きます。

9 「StageManager」スクリプトに新しくプログラムを記述します。Start()関数やUpdate()関数は、使わないので削除しておきます

```
5    public class StageManager : MonoBehaviour
6    {
7        private int keyCount;
8        public GameObject player;
9
10       private void OnTriggerEnter2D(Collider2D collision)
11       {
12           if (collision.CompareTag("Key"))
13           {
14               keyCount++;
15           }
16       }
17
```

鍵の数を数えるための変数です。

ゲーム開始時に、ステージ上のオブジェクトが触れるのでEnter関数が呼ばれます。

続く→

```
18          private void OnTriggerExit2D(Collider2D collision)
19          {
20              if (collision.CompareTag("Key"))
21              {
22                  keyCount--;
23                  if (keyCount <= 0)
24                  {
25                      player.SendMessage("GameClear");
26                  }
27              }
28          }
29      }
```

> ペアが揃うとオブジェクトが消えるので、Exit関数が呼ばれます。

StageManagerオブジェクトのコライダーをトリガーにしたので、トリガー用の関数を使います。

ゲーム時が始まると、StageManagerオブジェクトのコライダーにステージ上のオブジェクトが触れ、OnTriggerEnter2D関数（10行目）が呼び出されます。ここでステージにある鍵（Key）の数を数えます（12〜15行目）。わざわざ数えるのは、ステージによって鍵の数が変わるかもしれないからです。鍵を3つ4つと増やしていっても、Keyのタグをきちんと付けておけば、プログラムを変更しなくても対応できます。

オブジェクトがステージから消えると、コライダーが触れなくなるので、OnTriggerExit2D関数（18行目）が呼ばれます。ここでKeyの数を1つ減らし（22行目）、Keyの数が0になったらステージクリアです（23〜26行目）。

オブジェクト名.SendMessage("関数名");

とすると、ゲームオブジェクトにアタッチされている関数を呼び出すことができます。ここでは、218ページでPlayerControllerスクリプトの中に作成したGameClear関数を呼び出しています。

10 スクリプトを保存してUnityの画面に戻ります。

ヒエラルキーの「StageManager」をクリックして選択します❶。「Player」オブジェクトをドラッグして❷、StageManagerスクリプトの変数「Player」にアタッチしましょう。

11 鍵と錠のペアをすべて揃えると、ステージクリアのテロップが画面に表示され、プレイヤーがクリア時のアニメーションをするようになりました。

4.6

シーンを切り替えよう

ホーム画面、戦闘画面、マップ画面など、ゲームにはさまざまなシーンが必要です。ここでは、シーンを別々に作っておき、必要に応じてシーンを切り替えていく方法を学びましょう。

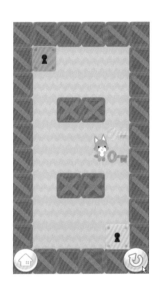

■ボタンを配置する

シーンを切り替えるためのボタンを用意します。3章では、ボタンのマウスオーバーやクリック時に、ボタンコンポーネントのデフォルト効果を使っていました。今回はスプライトを切り替える方法で、ボタンの効果を設定してみましょう。

■ボタンが押されたらシーンを切り替える

追加したボタンが押された時のプログラムを作ります。名前かインデックスでシーンを切り替えられるので、状況に応じて使い分けられるようになりましょう。どのシーンをゲームに含めるのかを設定する、ビルド設定の方法も併せて学びます。

■シーンをコピーして新しいステージを作る

ステージが1つ完成したら、シーンをコピーするだけでプログラムを変更することなく新しいステージに作り変えることができます。マップを描きかえたり、鍵と錠を増やしたりして、オリジナルのステージをたくさん作れるようになりましょう。

■ステージセレクト画面を作る

最後に、今までのステージすべてアクセスできる、ステージセレクト画面を作りましょう。押されたボタンに対応したシーンへ切り替えられるようにプログラムを作成します。今後ステージが増えて、ボタンが増えてもプログラムを変更しなくても良いように作ります。

4.6.1
操作 Movie

ホームボタンと、リセットボタンを配置しましょう。

1 ヒエラルキーを右クリックして表示されるメニューから、［UI］→［画像］をクリックします❶。

2 ヒエラルキーに「Canvas」「Image」「Event System」が追加されました。

Canvasをダブルクリックして❶、シーンの中心にキャンバスが表示されるようにします。

3 解像度が変わっても、ボタンなどのサイズが変わらないようにしましょう。

「Canvas」が選択された状態で、インスペクターの「Canvas Scaler」にある「UIスケールモード」を「画面サイズに拡大」にします❶。

「参照解像度」を「X：1080」「Y：1920」に設定します❷。

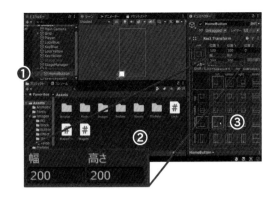

4 Canvasの中にある「Image」の名前を「HomeButton」に変更します❶。

Rect Transformで幅と高さを「200」に設定します❷。

3章114ページの手順**1**〜**2**を参考に、アンカープリセットを表示します。ホームボタンは左下に表示したいので、[Shift]キー＋[Alt]キーを押しながら「bottom left」をクリックします❸。

5 インスペクターのImageにある「ソース画像」に、画像をアタッチしましょう。

ヒエラルキーの「HomeButton」を選択した状態で、Assetsの「Images」−「Button」フォルダー内にある画像「homeNomal」を、「ソース画像」にドラッグします❶。

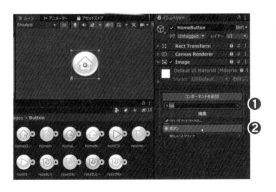

6 次に「コンポーネントの追加」で「bu」と入力し❶、表示された候補の中から「ボタン」を追加します❷。

Memo ここで追加したのは画像なので、標準ではButtonコンポーネントはアタッチされていません。ボタンとして利用するため、Buttonコンポーネントを追加します。

7 Buttonコンポーネントの遷移を「スプライトスワップ」にします❶。次のように画像をドラッグしてアタッチします❷。

「Highlighted Sprite：homeHover」
「Pressed Sprite：homeClick」
「Selected Sprite：homeHover」
「Disabled Sprite：homeLocked」

8 再生すると、マウスオーバーやクリックで画像が変わるようになりました。

9 ヒエラルキーの「HomeButton」を選択して右クリックし、［複製］でオブジェクトを複製します。複製されたオブジェクトの名前を「ResetButton」にします❶。

RectTransformのアンカーの設定を開き、Shift キー＋ Alt キーを押しながら「bottom right」をクリックします❷。

10 手順5と同様にして、Imageコンポーネントの「ソース画像」に「resetNormal」をアタッチします❶。また手順7と同様にして、Buttonコンポーネントに以下のように画像をアタッチします❷。

「Highlighted Sprite：resetHover」
「Pressed Sprite：resetClick」
「Selected Sprite：resetHover」
「Disabled Sprite：resetLocked」

2 ボタンでシーンを切り替えよう

ボタンが配置できたら、ボタンが押された時のプログラムを作りましょう。

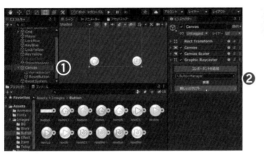

1 ヒエラルキーで「Canvas」をクリックして選択し❶、「コンポーネントの追加」で「ButtonManager」と入力して❷、新しいスクリプトを追加します。

Assets内に新しくできた「ButtonManager」スクリプトをダブルクリックして開きます。

2 Visual Studioで「ButtonMagager」スクリプトの内容を作成します。Start()関数とUpdate()関数は使わないので削除しておきます。

```
1   using System.Collections;
2   using System.Collections.Generic;
3   using UnityEngine;
4   using UnityEngine.SceneManagement;
5
6   public class ButtonManager : MonoBehaviour
7   {
8       public void HomeScene()
9       {
10          SceneManager.LoadScene("HomeScene");
11      }
12      public void Restart()
13      {
14          //現シーンをリスタート
15          SceneManager.LoadScene(SceneManager.GetActiveScene().buildIndex);
16      }
17  }
```

4章 パズルゲームを作ろう

シーンを切り替えるためには、SceneManagementに用意されているSceneManagerを使います。4行目で、SceneManagementを使うことを宣言しています。

LoadSceneは、シーンの名前かビルドインデックスでシーンを切り替えることができます。ホームシーンは、名前が決まっているので名前で指定します。

```
SceneManager.LoadScene(0);
SceneManager.LoadScene("シーン名");
```

ステージシーンは、それぞれ名前が違うので、インデックスで指定します。
SceneManager.GetActiveScene().buildIndex とすると現在アクティブなシーンのビルドインデックスを取得することができるので、これを使って、現シーンを読み込みます。

3 スクリプトを保存してUnityの画面に戻ります。

ビルドインデックスの設定を見てみましょう。［ファイル］→［ビルド設定］をクリックします❶。

4 ビルド設定画面が開きました。「ビルドに含まれるシーン」の中に「SampleScene」が入っています。

右側に書かれている数字が「ビルドインデックス」です。

5 今回はSampleSceneは不要なので右クリックし、[選択を削除]をクリックします❶。

> **Memo** [Delete]キーで削除することもできます。

4章

パズルゲームを作ろう

6 ビルド設定画面を開いたまま、Assetsの「Scenes」フォルダーの中から「HomeScene」と「Stage1」を「ビルドに含まれるシーン」にドラッグします❶。

「HomeScene」がインデックス0、「Stage1」がインデックス1になります。右上の［×］ボタンでビルド設定画面を閉じてください。

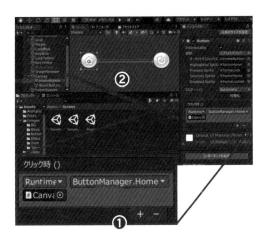

7 ボタンが押された時にプログラムの関数を呼び出すようにしましょう。

ヒエラルキーで「HomeButton」オブジェクトを選択した状態で、Buttonコンポーネントの「クリック時 ()」のイベントを［+］ボタンで追加します❶。

オブジェクトに「Canvas」をドラッグしてアタッチし、関数に「ButtonManager」→「HomeScene」を選びます❷。

8 手順⃞7と同様に、今度はヒエラルキーで「ResetButton」オブジェクトを選択した状態でButtonコンポーネントの「クリック時()」のイベントを[+]ボタンで追加します❶。

オブジェクトに「Canvas」をドラッグしてアタッチし、関数に「ButtonManager」→「Restart」を選びます❷。

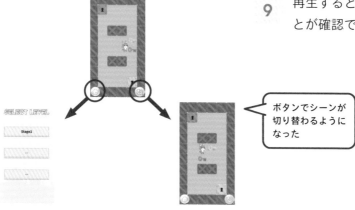

9 再生すると、ボタンでシーンが切り替わることが確認できます。

ボタンでシーンが
切り替わるように
なった

---

3 シーンをコピーして新しいステージを作ろう

4.6.3
操作 Movie

ステージ1ができたので、シーンをコピーして新しいステージを作ってみましょう

1 ヒエラルキーで「Stage1」の横にある［…］ボタンを押して表示されるメニューから［シーンを別名で保存］をクリックします❶。

Memo Assetsの「Scenes」フォルダーから「Stage1」を選択し、[Ctrl]+[D]キーを押すことでも複製できます。

2 Assetsの「Scenes」フォルダーに保存します。

名前を「Stage2」にして❶、［保存］ボタンをクリックします❷。

3 Stage1とまったく同じStage2ができました。ステージ2を編集して、少しマップを広くしましょう。

ヒエラルキーで「MainCamera」を選択し❶、インスペクターでCameraコンポーネントの「サイズ」を「6」にします❷。これで、マップの表示範囲が少し広くなりました。

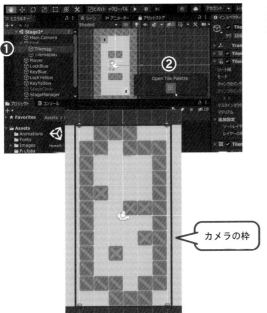

カメラの枠

4 ヒエラルキーで「Grid」→「Tilemap」を選択し❶、「Open Tile Palette」をクリックしてタイルパレットを開きます❷。

現在のマップを ⬛ （消しゴムツール）で消し、左の図を参考に、新しいマップを描きます。

Memo TilemapとTilemapBGが混ざらないように注意してください。ブロックはTilemapに、背景の緑はTilemapBGに描きます。

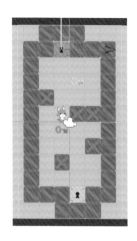

5 　鍵と錠の位置も変更しましょう。

左の図を参考に、212ページの手順に従って <image-icon>（移動ツール）を使ってグリッドに沿うよう配置します。

Memo ブロックをグリッドに沿って移動する操作については、本章の212ページを確認してください。

6 　配置が終わったらゲームを再生してみましょう。プログラムの変更をしなくても、マップの描き換えだけで新しいステージを作ることができました。

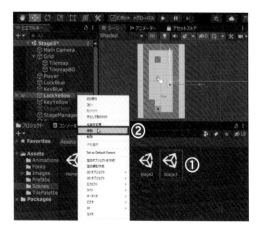

7 　鍵と錠も簡単に増やすことができます。

まず、230ページの手順❶〜❷と同様にして「Stage2」を複製し、「Stage3」という名前にします❶。

ヒエラルキーの「LockYellow」を右クリックして表示されるメニューから［複製］をクリックします❷。

8 コピーしたオブジェクトの名前を変更します。ここではLockRedとしました❶。

Sprite Rendererコンポーネントの「スプライト」に、Assetsの「Images」→「Item」フォルダーの中にある「LockRed」の画像をドラッグしてアタッチします❷。

9 手順❼と同様に、ヒエラルキーの「KeyYellow」を「KeyRed」という名前で複製します❶。

次に、手順❽と同様に、Assetsの「Images」→「Item」フォルダーの中にある「KeyRed」の画像をドラッグします❷。

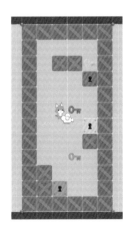

10 左の図のように、マップとアイテムを配置しました。

再生すると、鍵と錠の数が増えても、プログラムを変えずにステージクリアすることができました。

Hint

うまくいかない場合は？
うまくいかない場合は、以下を確認します。
☑ 鍵と錠それぞれの名前が色が対応しているか
☑ 鍵をコピー →鍵を作成、錠をコピー →錠を作成 のようにコピー元が合っているか

4 ▶ ステージセレクト画面を作ろう

4.6.4
操作 Movie

最後に、ステージセレクト画面を作って、好きなステージを遊べるようにしましょう。

1 Assetsの「Scenes」フォルダーの中から「HomeScene」をダブルクリックして開きます❶。

HomeSceneには、あらかじめ背景やボタンなどを配置してあります。

2 左の画面が表示された場合は［保存］をクリックして保存します❶。

3 Canvasの中に、Stage1 ～ 3までのボタンが入っています。

ヒエラルキーで「Stage1」「Stage2」「Stage3」を選択し❶、インスペクターの「コンポーネントを追加」で「StageSelect」と入力して❷、新しいスクリプトを追加しましょう。

4 3つのボタンに同じスクリプトが付きました。「StageSelect」スクリプトをダブルクリックして開き、Visual Studioでプログラムを作成します。Update() は必要ないので消しておきます。

```
1    using System.Collections;
2    using System.Collections.Generic;
3    using UnityEngine;
4    using UnityEngine.UI;                    忘れず追加
5    using UnityEngine.SceneManagement;
6
7    public class StageSelect : MonoBehaviour
8    {
9        private Button button;  // ボタンオブジェクト
10       private Text buttonText;// ボタンのテキスト
11
12       // Start is called before the first frame update
13       void Start()
14       {
15           button = GetComponent<Button>();
16           buttonText = GetComponentInChildren<Text>();
17
18           // オブジェクト名をボタンのテキストにする
19           buttonText.text = gameObject.name;
20           // ボタンのクリック時 () に実行する関数を指定
21           button.onClick.AddListener(OnStageButton);
22       }
23       void OnStageButton()
24       {
25           // クリックされたオブジェクト名と同じシーンを読み込む
26           SceneManager.LoadScene(gameObject.name);
27       }
28   }
```

ボタンを増やすたびに、オブジェクト名と、ボタンに書かれたテキストを変更するのは面倒なので、プログラムから変更してみましょう。GetComponentInChildrenを使うと、子供オブジェクトのコンポーネントを指定することができます。

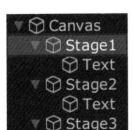

親や子というのは、オブジェクトの中にオブジェクトが入っている場合の呼び方です。Stage1から見ると、Canvasが親でTextが子になります。Stage2にも、Stage3にも、それぞれTextオブジェクトの子供がくっついていることになります。

ボタンが押された時に関数を呼び出す場合、これまでは229ページの手順のようにUnityの画面からクリック時のイベントを登録していました。ですが、ボタンの数が増えてくると、ひとつひとつ設定していくのは大変です。

「onClick.AddListener（関数名）;」を使うと、ボタンが押された時に指定の関数を呼び出すことができます。OnStageButton関数内で、オブジェクト名と同じ名前のシーンをLoadSceneします。

5　スクリプトを保存して、Unityに戻りましょう。

　［ファイル］→［ビルド設定］を開き、「ビルドに含まれるシーン」の中にStage2とStage3をドラッグします❶。

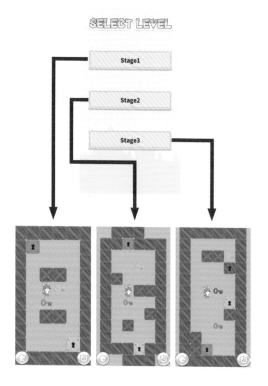

6　これで、ステージセレクト画面から各ステージに移動できるようになりました。これでゲームの完成です！

Memo　ボタンを増やしたい時は、既存のボタンオブジェクトをコピーし、「ボタンオブジェクトの名前」と「シーンの名前」を同じにしておけば、プログラムを変更せずに対応できます。

5 ► ゲームをアレンジしよう

■ステージにギミックを追加する

ステージにギミックを追加すると、パズル要素の幅が広がります。物理マテリアルを追加すると、跳ね返るブロックを簡単に作ることができます。

1 「アセット」→「作成」→「2D」→「物理マテリアル2D」から物理マテリアルを作成します❶。

Assetsに物理マテリアルが追加されました。Bounceという名前に変更します。

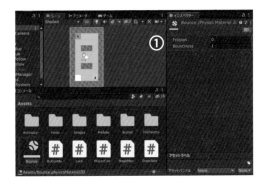

2 インスペクターからマテリアルの特性を変更します。

「Friction」でコライダーの摩擦係数を、「Bounciness」で弾性を設定することができます（0〜1の間）。Bouncinessを1にすると❶、減衰なく跳ね返るようになります。

3 跳ね返らせたいオブジェクトにBox Collider 2Dを追加します。Box Collider 2Dの「マテリアル」に、跳ね返りを設定した物理マテリアル（ここではBounce）をアタッチすると❶、鍵が当たっても跳ね返るようになります。

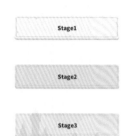

■セーブデータを用意する

PlayerPrefs（3章）を使ったデータのセーブを使えば、どのステージまでクリアしたかを保存しておくことができます。セーブデータの保存と、ボタンを非アクティブ化する方法を組み合わせれば、「Stage1をクリアするまでStage2は遊べない」のように、ステージ選択に制限を設けることもできます。ステージごとにネクストボタンを付けても良いですね。

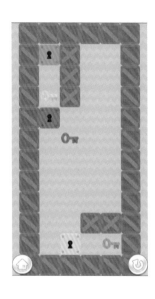

■鍵を操作するゲームにする

190ページで紹介した、キャラクターを動かすプログラムを使って鍵を動かすようにすると、まったく違うパズルゲームになります。鍵を動かすプログラムを用意してすべての鍵に同じプログラムを付けると、すべての鍵をキー操作で同時に動かせるようになります。鍵と錠の色判定はすでに用意できているので、間違った錠に触れるとゲームオーバーといった仕組みもすぐに導入できます。

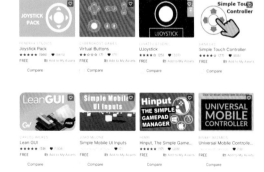

■スマホでも遊べるコントローラー

Unityのアセットストアでは、画面上に配置するコントローラー、ジョイスティックを探すことができます。無料のものもたくさんあるので、スマートフォンからもキャラクターを操作したい時には試してみましょう。

5章

ゲームをビルドして遊ぼう

5.1

パソコン用にビルドしよう

今までに作ったゲームは、すべてUnity上で再生して遊んでいました。他の人に遊んでもらうためには、ゲームをビルドする必要があります。ビルドとは、WindowsやMacなどのパソコン環境、iPhoneやAndroidなどのスマホ環境などのプラットフォームに合わせて、Unityがなくてもゲームを遊ぶことができる形にすることです。たとえばWindowsならexe、AndroidならapkのようなX「実行形式」と呼ばれる形にします。

■パソコン用にビルドする
まずはパソコン用にビルドして、自分のパソコンで動かすことができるようにしましょう。Unityのビルド設定画面の見方、基本的なビルドの手順について学びます。どのプラットフォームでも基本的なビルド方法は同じです。流れを覚えておきましょう。

■画面の大きさを決める
ビルドの細かい設定は、「プレイヤー設定」から行うことができます。たとえば、スマートフォン向けを意識して作った縦長画面のゲームは、通常の設定ではうまく再生されません。そこで、ウィンドウのサイズを変更して固定の解像度で再生されるようにしましょう。「プレイヤー設定」では、名前や解像度の他にもさまざまな設定が可能です。

■アイコンを設定する
ビルドして作成した実行形式のファイルには、標準ではUnityのアイコンが設定されます。実行形式のファイルに、自分だけのアイコンを設定することができます。

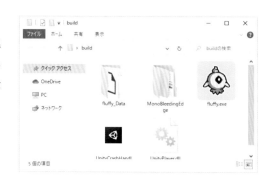

1 ▶ ビルドしてみよう

5.1.1
解説 Movie

1 まずビルドしたいプロジェクトを開きます。今回は 2 章で作成した Fluffy を開きました。左上の［ファイル］メニューから［ビルド設定］をクリックします❶。

2 ビルド設定画面が開きました。「ビルドに含まれるシーン」に入っているシーンがビルドされます。

左側の「プラットフォーム」で選択されたプラットフォームの形式でビルドされます。右側では、選択したプラットフォームについての設定を行います。デフォルトでは「Windows」「x86」が選ばれています。

Windows で遊ぶので、このまま［ビルド］をクリックします❶。

アーキテクチャ

アーキテクチャの「x86」は 32 ビット CPU、「x86_64」は 64 ビット CPU のことです。ゲームを動かす PC によって設定を変更できます。32 ビット用でビルドしたものを 64 ビット CPU で遊ぶことはできますが、64 ビット用でビルドしたものは 32 ビット CPU では遊べません。

3 ファイルを保存する場所を決めます。プロジェクトフォルダーの何もない部分を右クリックし、[新規作成]→[フォルダー]をクリックします❶。新しいフォルダーが出来上がるので「build」という名前にします。

Memo Ctrl + Shift + N キーでフォルダーを作成することもできます。

4 作成した「build」フォルダーを選択して[フォルダーの選択]をクリックするとビルドが始まります。

Memo ビルドには時間がかかるので、しばらく待ちましょう。

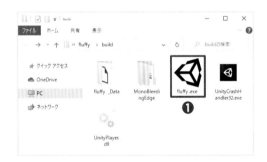

5 ビルドが終わると、保存先のフォルダーが開きます。フォルダーの中に入っている「プロジェクト名.exe」（ここではFluffy.exe）が実行ファイルです。

Fluffy.exeをダブルクリックします❶。

6 ゲームが実行されます。しかし、フルスクリーンモードで再生され、ステージの外側まで表示されてしまいました。

Memo Ctrl + Shift + Esc キーでタスクマネージャーを表示し、Fluffy.exeを選択して[タスクの終了]をクリックします。

2 ▶ 画面の大きさを決めよう

5.1.2
解説Movie

このままでも遊ぶことはできますが、元のゲーム画面の比率を保ったまま、ウィンドウモードで
ゲームを再生できるようにしましょう。

1 ビルド設定画面を開きます。左上の［ファイ
ル］メニューから［ビルド設定］をクリック
します❶。

2 ビルド設定画面の左下にある［プレイヤー設
定］をクリックします❶。

3 プロジェクト設定のプレイヤー設定が開きま
した。ここでは企業名やプロダクト名、バー
ジョン、アイコンなどを設定することができ
ます。

画面の下にある［解像度と表示］をクリック
します❶。

4 解像度に関するオプションが表示されました。

「全画面モード」を「ウィンドウ化」、「画面幅」を「540」、「画面の高さ」を「960」に設定します❶。

Memo 比率が合っていれば、他のサイズでもOKです。

5 プレイヤー設定画面を閉じ、ビルド設定に戻ります。もう一度ビルドして確認してみましょう。

［ビルドして実行］をクリックすると❶、ビルド後にゲームが再生されます。

6 比率を保ったままウィンドウモードで再生されました。

他の人に遊んでもらうには、242ページで作った「build」フォルダをzip等で圧縮して渡します。遊びたいPCでファイルを解凍し、フォルダー内にある「Fluffy.exe」をダブルクリックすれば、他のPCでも遊ぶことができます。

Memo ❶ ビルド後にexeの名前を変更すると遊べなくなってしまうので注意しましょう。

3 ▶ アイコンを変更しよう

5.1.3
解説 Movie

1 アイコンに使いたい画像を、Assets内にドラッグして追加しておきましょう。今回のサンプルでは、「icons」フォルダーの中に画像が入っています。

2 243ページを参考にビルド設定画面のプレイヤー設定を開き、「デフォルトのアイコン」の「選択」をクリックしてアイコン用の画像を選びます❶

Memo プロジェクトのAssets内からドラッグして設定することもできます。いずれの方法の場合も、選択したら［×］ボタンで「Select Texture2D」を閉じます。

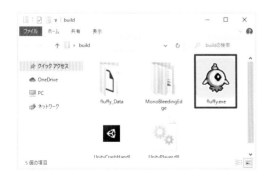

3 ビルドをすると、exeファイルのアイコンが変わっていることがわかります。

Memo アイコンが変わらない時はキャッシュが残っている可能性があります。ゲームを終了し、「build」フォルダーの名前を変えるか、ビルド時の保存先に新しいフォルダーを指定してみましょう。

5.2

Web用にビルドして公開しよう

Unityはいろいろなプラットフォームに合わせた形でビルドすることができる「クロスプラットフォーム」対応のソフトウェアです。パソコン、スマートフォン、Webブラウザーなど、遊びたい端末に合わせてビルドすることができます。細かい設定項目がたくさんあるので戸惑いますが、ここでは手軽に試すことができるWebGLを使って、ビルドしたゲームをWebに公開する方法を身につけましょう。

■対象のプラットフォームのモジュールを追加する

ビルドするには、対象のプラットフォームに対応したモジュールが必要です。本書では、26ページでWeb用のモジュールをインストール済みです。モジュールを追加したい場合は、Unity Hubの画面で対象バージョンのUnityの［ : ］をクリックし、メニューから［モジュールを加える］をクリックします。

■Web用にビルドする

WebGLを使うと、ブラウザーから遊べるゲームとしてビルドすることができます。ゲームを手軽にアップロードして公開できるWebサイトもたくさんありますので、作ったゲームをすぐに他の人に遊んでもらうことができます。ダウンロードして解凍……といった手間がなく、ブラウザーからすぐに遊ぶことができます。SNSでも共有しやすいので、遊んでもらえる機会も多くなります。

なお、ここで紹介する方法でWeb用にビルドした場合、モバイルデバイス（スマートフォンなど）のブラウザーはサポートされていません。ゲームによっては正しく動作しない場合がありますので、Web用にビルドしたゲームを試す場合はパソコンのブラウザーを使ってください。

1 ▶ Web用にビルドしよう

5.2.1
解説 Movie

1 ビルド設定を開き、プラットフォームから「WebGL」をクリックして選択します❶。[Switch Platform]をクリックします❷。

> **Memo** ビルド設定画面の開き方は、241ページを参照してください。

2 243ページを参考に「プレイヤー設定」を開きます。WebGLの設定で「解像度と表示」を選び、「デフォルトのキャンバス幅」を「540」に、「デフォルトのキャンバスの高さ」を「960」に設定します❶。

3 次に「公開設定」を開き、「圧縮形式」を「Gzip」にします❶。

> **Memo** ここでは、ダウンロードサイズを減らすための圧縮形式を選びます。「Brotli：高圧縮」「Gzip：低圧縮」「無効：無圧縮」です。公開したゲームがロードの途中で止まってしまう時は、解凍に失敗している可能性があります。低圧縮や無圧縮を試しましょう。また、公開するサイトによって圧縮形式を指定されていることもあります。

4　ビルド設定に戻り、［ビルド］をクリックします❶。

5　WebGL用のフォルダーを作り、［フォルダーの選択］ボタンをクリックします❶。ここでは、フォルダー名は「webBuild」としました。

ビルドが終わると、「webBuild」フォルダーの中にファイルが作成されます。

Web用ビルド
WebGL用にビルドして作成されたファイルをダブルクリックしても、これまでのようにゲームを実行することはできません（ブラウザーが起動し、エラーが表示されます）。これらのファイルは、Webサーバー上に配置したり、対応するWebサービスに必要なファイルをアップロードしたりすることで、ブラウザーを使ってゲームを遊べるようになります。以降では、Unityで作ったゲームを公開するための便利なWebサービスとその使い方を紹介します。

2 ▶ Web用に公開しよう

5.2.2
解説 Movie

ブラウザー上でゲームを遊べるようにするには、自分のサーバ上にビルドしたファイルを置くか、UnityPlayやUnityroomといった、Unityゲームを公開するためのWebサービスを利用するといいでしょう。

	公開の手軽さ	収益化	日本語	カスタマイズ	URL
UnityPlay（公式）	◎	×	×	×	play.unity.com
Unityroom	○	×	○	△	unityroom.com
itch.io	△	○	×	○	itch.io
GameJolt	△	○	×	○	gamejolt.com
ふりーむ！	△	×	○	△	freem.ne.jp

「itch.io」「GameJoit」は海外のインディーゲーム向けWebサイトで、ゲームの販売や、ゲームを気に入った人が寄付するための仕組みがあります。英語のサイトですが、ユーザーの総人口が多いので、ゲームが目に留まる確率も高いです。

「Unityroom」は日本人ユーザーが多く公開しており、期間中にお題に沿ってゲームを作るGameJAMも盛んに行われています。アップロードが簡単で、サイズ設定なども可能です。

「UnityPlay」はドラッグするだけで公開できる手軽さが良いですが、ゲームの画面比率16：9に固定されており、縦長のゲームをアップロードすると表示範囲が変わってしまいます。

比率が変わってしまいますが、一番簡単なUnityPlayアップロードの手順を紹介します。

1 前ページでビルドした「webBuild」フォルダーを開き、中にある「Build」フォルダーを右クリックします。表示されるメニューから［送る］→［圧縮］をクリックして圧縮します❶。

Memo 名前は「Build.zip」にしました。

2 Webブラウザーでplay.unity.comにアクセスします。

右上のアイコンをクリックし❶、［Sign in］をクリックします❷。Unityのアカウントでサインインします。

3 右上の矢印（Post）アイコンをクリックします❶。

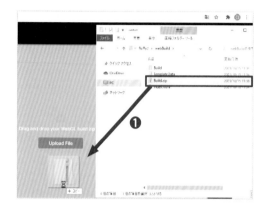

4 ファイルをアップロードする画面が開きます。「webBuild」フォルダーの中の「Build.zip」をアップロード画面にドラッグします❶。

5 アップロードが終わると、ゲームを遊べるようになります。

「Play」ボタンをクリックすると❶、ゲームを遊ぶことができます。

6 ゲームを遊ぶと、短時間のプレイ動画が撮影されます。［Yes］をクリックすると、サムネイルに使われます。

> **Memo** 今回のゲームは、ゲームオーバー時に最初からプレイするための処理を作っていません。プレイ動画をもう一度撮影したい場合は、［×］ボタンで一度ゲームを終了して［Play］をクリックした後、右下にある［Record］ボタンをクリックします。

7 ゲームを公開するには、ゲームの下にある枠にゲームのタイトルと、ゲームの説明を入力します❶。入力できたら、[Save]をクリックします❷。

8 これでゲームが公開されました。

ブラウザーのURLをコピーするか、ゲームの下にあるシェアボタンをクリックすると、SNSでお知らせしたりURLをコピーしたりするためのウィンドウが開きます。

Hint

いろいろな人にゲームを遊んでもらうには

同じゲームのアップロード先は複数あってもかまいません。そこで、複数のWebサイトを利用するというのはひとつの方法です。また、海外のユーザーが圧倒的に多いので、翻訳ソフトなどを使ってタイトルや操作方法を英語にし、海外サイト用ゲームとして公開してもいいかもしれません。

ゲームを作っている人と交流したり、GameJAMなどのイベントに参加したり、TwitterなどのSNSを使って作っているゲームの情報発信をしたりすると、ゲーム好きな人たちと繋がることができます。

お わ り に

　本書でゲーム作りにチャレンジしてみて、どうだったでしょうか？　初めてUnityを触った方の中には、難しかったと自信をなくしている方もいらっしゃるかもしれません。

　プログラミング教室に来る子たちの中にも、「家でUnityを試してみたけど、上手くいかなかった……」という子がいます。そんな時に私たちがいつも言うのは、「インストールしただけでえらい！」ということです。ゲーム作ってみたい、楽しそう、という人は多いですが、インストールまでできる人は実はそんなに多くありません。インストールした上、さらに実際に本や動画を見ながらゲームを作れるなんて素晴らしい。もっと自信を持ってもらいたいと思います。

　自信がない人は、自分のスキルだけで作れそうな簡単なゲームを、いくつか作ってみましょう。知っていることの組み合わせでも、実際に作ってみると新しい発見があったり、自分なりのゲーム作りの流れを掴めると思います。さらに、自分で調べて作ることができれば、格段に実力が上がるでしょう。

　Unityにはいろいろな機能があるため、1人ですべてを使いこなすには長い時間がかかりますが、作業を分担するのにも優れています。最近では、個人の開発者がゲーム作りの仲間を探すためのコミュニティや、企業が個人開発者と協力してゲームを作る企画なども増えています。自分の得意な分野を伸ばしながら、チームでゲーム作りをするのも1つの方法と言えるでしょう。

　また、最初から高機能なゲームを作ろうとすると、いつまでも完成せずモチベーションを維持するのが大変なので、プロトタイプでもどんどん公開してい

ろいろな人に遊んでもらいましょう。感想をもらうとやる気が出ますし、不具合も見つけてもらいやすくなります。徐々に機能を追加したり、ブラッシュアップしたりすれば、常に「前よりも良くなった状態」の作品になりますから、未完成のプレッシャーを感じずに作ることができます。

　1人で開発しているのであれば、いったん別のゲームを作るのも気分転換になって良いですね。

　あなたのゲームが公開され、遊べるのを楽しみにしています。

2021年12月
大角茂之・大角美緒

著者Profile

おおすみしげゆき　おおすみみお
大角茂之・大角美緒
プログラミング教室講師。岡山市内で、小中学生を対象にプログラミングワークショップを開催する。2014年から現在まで100回以上のワークショップを開催。YouTubeではScratch、MakeCode Arcade、Unityなどのプログラミング解説動画を公開。ブログでは、Scratchを使用した初心者～中級者向けのゲームプログラミングレシピを紹介している。

索引

●装丁デザイン　　　　　早川郁夫（Isshiki）
●本文デザイン・組版　　高見澤愛美（Isshiki）
●編集　　　　　　　　　鷹見成一郎
●本書サポートページ
　https://gihyo.jp/book/2022/978-4-297-12543-1
　本書記載の情報の修正・訂正・補足については、当該 Web ページで行います。

■お問い合わせについて
　本書に関するご質問については、本書に記載されている内容に関するもののみとさせていただきます。本書の内容と関係のないご質問につきましては、一切お答えできませんので、あらかじめご了承ください。また、電話でのご質問は受け付けておりませんので、上記サポートページからお問い合わせいただくか、FAX か書面にて下記までお送りください。

＜問い合わせ先＞
〒 162-0846　東京都新宿区市谷左内町 21-13
株式会社技術評論社 第 5 編集部
「動画×解説でかんたん理解！　Unity ゲームプログラミング超入門」係
FAX：03-3513-6173

　なお、ご質問の際には、書名と該当ページ、返信先を明記してくださいますよう、お願いいたします。
　お送りいただいたご質問には、できる限り迅速にお答えできるよう努力いたしておりますが、場合によってはお答えするまでに時間がかかることがあります。また、回答の期日をご指定なさっても、ご希望にお応えできるとは限りません。あらかじめご了承くださいますよう、お願いいたします。

動画×解説でかんたん理解！　Unity ゲームプログラミング超入門

2022年 2月 4日 初版　第1刷発行
2023年 11月 21日 初版　第2刷発行

著　者　　大角茂之・大角美緒
発行者　　片岡　巌
発行所　　株式会社技術評論社
　　　　　東京都新宿区市谷左内町 21-13
　　　　　TEL：03-3513-6150（販売促進部）
　　　　　TEL：03-3513-6177（第 5 編集部）
印刷／製本　図書印刷株式会社

定価はカバーに表示してあります。

造本には細心の注意を払っておりますが、万一、乱丁（ページの乱れ）や落丁（ページの抜け）がございましたら、小社販売促進部までお送りください。送料小社負担にてお取り替えいたします。

ISBN978-4-297-12543-1　C3055
Printed in Japan